Die Krise der bürgerlichen Ideologie
und die Lehre von der Denkweise

III. Teil

Die Krise der bürgerlichen
Naturwissenschaft

Februar 2023

Redaktionskollektiv REVOLUTIONÄRER WEG
unter Leitung von Stefan Engel
Schmalhorststr. 1b, 45899 Gelsenkirchen

Die Krise der bürgerlichen Naturwissenschaft
Zuerst erschienen als REVOLUTIONÄRER WEG 38/III. Teil
in der Reihe REVOLUTIONÄRER WEG 36 bis 40
Die Krise der bürgerlichen Ideologie
und die Lehre von der Denkweise

© Verlag Neuer Weg
Mediengruppe Neuer Weg GmbH
Alte Bottroper Straße 42, 45356 Essen
verlag@neuerweg.de
www.neuerweg.de

Gesamtherstellung: Mediengruppe Neuer Weg GmbH

ISBN 978-3-88021-649-5
ePDF ISBN 978-3-88021-650-1

Stefan Engel

Die Krise der bürgerlichen Ideologie und die Lehre von der Denkweise

III. Teil
Die Krise der bürgerlichen Naturwissenschaft

Verlag Neuer Weg

Inhalt

Die Krise der bürgerlichen Ideologie und die Lehre von der Denkweise

III. Die Krise der bürgerlichen Naturwissenschaft

Einleitung

Der dritte Band der Buchreihe »Die Krise der bürgerlichen Ideologie und die Lehre von der Denkweise« befasst sich mit der Krise der bürgerlichen Naturwissenschaft. Das mag manche überraschen, werden doch Naturwissenschaftler allgemein als neutrale Experten betrachtet, die nur den objektiven Tatsachen verpflichtet sind. Sie genießen besonders hohes Ansehen in der bürgerlichen Gesellschaft, weil sie den Eindruck erwecken, unpolitisch, unanfechtbar oder ausschließlich dem gesellschaftlichen Fortschritt verpflichtet zu sein. Gegenüber der herrschenden bürgerlichen Ideologie hat sich überall auf der Welt in den letzten Jahren ein kritischer Geist entfaltet, kaum jedoch noch gegenüber den Naturwissenschaftlern!

Die Rolle von Naturwissenschaft und Technik ist im Alltag der Gesellschaft deutlich gewachsen. Schulen und Universitäten, aber auch Literatur, Musik, Filme, Wissenschaftsmagazine, Ratgeber, Gesundheitskurse, Radio und Fernsehen oder Internet verbreiten zuweilen wertvolle und durchaus materialistische Informationen über wissenschaftliche oder technische Entwicklungen. Allerdings trüben allerlei idealistische und metaphysische Deutungen, unwissenschaftliche Begriffe und systemkonforme Handlungsanleitungen ihren Wahrheitsgehalt.

Auf diese Weise dringt auch die **klassenfremde bürgerliche Ideologie in die Denk-, Arbeits- und Lebensweise**

der Arbeiterklasse ein. Die vermeintlich »ideologiefreien« Wissenschaften beeinflussen besonders die kleinbürgerliche Intelligenz sowie die lernende und studierende Jugend.

Die Kritik an der bürgerlichen Ideologie und der Nachweis ihrer Krise wären unvollständig, würden sie neben den Inhalten nicht auch ihre manipulativen Methoden unter die Lupe nehmen.

Es geht in diesem Buch nicht darum, den gesamten Inhalt und Umfang der modernen Naturwissenschaften zu analysieren oder einen abgehobenen akademischen Disput zu führen. Es liegt uns erst recht fern, die materialistischen Ergebnisse naturwissenschaftlicher Forschungen in Bausch und Bogen zu verdammen. Im Fokus der Kritik stehen die krisenhaften, schädlichen Rückwirkungen der bürgerlichen Ideologie auf den Fortschritt der Naturwissenschaften. Sie **untergraben tendenziell die Wissenschaftlichkeit**, hemmen die gesamtgesellschaftliche Entwicklung und haben gravierende negative Folgen für Mensch und Natur. Die dialektische Kritik und Selbstkritik zielt darauf, einer dialektisch-materialistischen Naturwissenschaft als fundamentalem Bestandteil des wissenschaftlichen Sozialismus den Weg zu bereiten. Die Marxisten-Leninisten verteidigen entschieden den wissenschaftlichen Fortschritt gegen die Wissenschaftsfeindlichkeit der bürgerlichen Ideologie mit ihrem Positivismus und Pragmatismus, ihrer antikommunistischen und profitorientierten Ausrichtung.

Im Gegensatz dazu gehört die reaktionäre Feindseligkeit gegen jeden gesellschaftlichen Fortschritt zur weltanschaulichen Grundlage der ultrareaktionären oder neofaschistischen gesellschaftlichen Bewegungen. Diese offene Feindseligkeit wiederum lässt die Naturwissenschaften in einem fortschrittlichen Licht erscheinen. Dieselben dunklen Kräfte, die heute eine besondere Wissenschaftlichkeit für sich in Anspruch nehmen, berufen sich oft auf Erkenntnisse der von ihnen betriebenen Pseudowissenschaften. Ihre Methoden reichen von absurdem Eklektizismus über metaphysische Verdrehung und Leugnung von Tatsachen bis zu bewussten Lügen und allerlei mystischen Verschwörungstheorien.

Das Buch behandelt eingangs **Aufschwung und Niedergang der bürgerlichen Naturwissenschaft**. Die moderne Naturwissenschaft war bei der Überwindung des Feudalismus eines der fortschrittlichen und vorwärtstreibenden Elemente der entstehenden kapitalistischen Gesellschaft. Die aufklärerische bürgerliche Ideologie hat das Kulturniveau der Menschheit auf eine neue Ebene gehoben, die Entwicklung der kapitalistischen Industrieproduktion beschleunigt und wesentlich geprägt. Zugleich ist die moderne Naturwissenschaft selbst Produkt dieser stürmischen Entwicklung. Doch der vorherrschende Einfluss von Idealismus und Metaphysik steht einem einheitlichen dialektisch-materialistischen Weltbild direkt entgegen. Die modernen Naturwissenschaften sind infolgedessen in eine tiefe Krise geraten.

Die **bürgerliche Astronomie** trug einst zur Befreiung von einem religiös-idealistischen Weltbild bei. Heute werden immer fantastischere Vorstellungen über das Universum – von der quasi-religiösen Schöpfungsgeschichte des Urknalls bis hin zu fiktiv konstruierten Parallelwelten – als wissenschaftlich gelehrt. Dabei halten sie keiner wissenschaftlichen, keiner materialistischen Betrachtung stand. Angesichts einer materialistisch geführten Kritik daran, auch aufgrund immer neuer Entdeckungen im Kosmos, versinkt die bürgerliche Astronomie immer tiefer im Absurden.

Trotz einer Fülle neuer Einzelerkenntnisse kann sich die theoretische Grundlage der **Biologie** nicht weiterentwickeln, weil idealistische und metaphysische Deutungen vorherrschen. Längst sind die außerordentlichen sozialen und geistigen Fähigkeiten der Menschen wissenschaftlich nachgewiesen. Die Erkenntnis über das soziale Wesen des Menschen unterstreicht, dass eine kommunistische Gesellschaft möglich und notwendig ist. Darüber muss die gesellschaftliche Auseinandersetzung erst noch ausgetragen werden.

Die bürgerliche **Umweltforschung** reduziert die Entwicklung der globalen Umweltkatastrophe immer mehr auf die Klimafrage. Die globale und universelle, die systemische Dimension der Krise der Biosphäre wird demgegenüber weitgehend ausgeblendet. Inzwischen ist die globale Umweltkrise in die **globale Umweltkatastrophe** übergegangen, ohne dass die in positivistischer Denkweise befangenen bürgerlichen Ökologen das bemerkt haben.

Das **bürgerliche Ingenieurwesen** hat die Entwicklung der modernen Produktion enorm vorangetrieben. Seine geradezu konzeptionelle weltanschauliche Trennung von Theorie und Praxis, programmatischer Positivismus und Pragmatismus haben es jedoch besonders rigoros der kapitalistischen Profitwirtschaft untergeordnet und es deformiert. Seine tiefe Krise äußert sich heute vor allem in dem Desaster unnützer Großprojekte und einem allgemeinen Raubbau an der natürlichen Umwelt.

Trotz aller unstrittigen Fortschritte und sinnvollen Maßnahmen wird die bürgerliche **Medizin** der enormen Zunahme von Massenkrankheiten nicht gerecht. Stattdessen lenkt sie das gewachsene Umwelt- und Gesundheitsbewusstsein der Massen auf allerlei individualistische Abwege. Nach wie vor fehlt eine ganzheitliche, dialektisch-materialistisch fundierte Analyse und Synthese der gesellschaftlichen und individuellen Krankheitsursachen. Nur aus der Erkenntnis der komplexen Zusammenhänge von menschlichem Leben und natürlichen und gesellschaftlichen Bedingungen erwachsen tatsächliche Lösungsansätze. Nur so kann auch eine **in sich geschlosse-**

ne **Wissenschaft der Medizin** entstehen und sich auf Basis der Vielfalt einzelner Erkenntnisfortschritte entwickeln.

Die **bürgerliche Psychologie** führt psychische Massenerkrankungen vielfach einseitig auf einschneidende oder traumatische Erlebnisse in der individuellen Lebensgeschichte oder auf genetische Ursachen zurück. Selbst wenn sie gesellschaftliche Ursachen in gewissem Ausmaß anerkennt, orientiert sie therapeutisch einseitig vor allem auf die individuelle Bewältigung der negativen Auswirkungen der Erkrankung. Statt die vielfältigen materiellen Ursachen für die Störung des menschlichen Stoffwechsels, ihre Wechselwirkungen mit der kapitalistischen Produktion, der Umweltkrise, der bürgerlichen Staats- und Familienordnung und den individuellen Lebenserfahrungen zu erforschen, lenkt sie von den objektiven Gesetzmäßigkeiten und notwendigen gesamtgesellschaftlichen Veränderungen ab. Einseitig fokussiert sie sich auf die subjektive Empfindung und Deutung der Probleme, was in vielen Fällen kaum zu einem Heilerfolg führt oder gar die Krankheit verschärft.

All die Krisenentwicklungen des imperialistischen Weltsystems auf weltanschaulichem, ökonomischem, ökologischem und politischem Gebiet sind Ausdruck des **Grundwiderspruchs in der historischen Umbruchphase vom Kapitalismus zum Sozialismus**, der zur Lösung drängt. Das bürgerliche Krisenmanagement ist letztlich nichts als der untaugliche Versuch, die zum Sozialismus drängenden revolutionären Produktivkräfte, die wachsende Kapitalismuskritik und das Aufbegehren der internationalen Arbeiterklasse und ihrer Verbündeten aufzuhalten. Wissenschaftlich begründeter Optimismus und überzeugende Zukunftsvisionen in der revolutionären und Arbeiterbewegung bekommen in dieser gesamtgesellschaftlichen Auseinandersetzung strategische Bedeutung!

Es ist unverzichtbar, **das materialistisch begründete freie Denken in der Arbeiterklasse allgemein wiederzubeleben und zu verbreiten.** Das ist eine Voraussetzung für die Überwindung jedes religiösen, metaphysischen und idealistischen Denkens, damit ihr Klassenbewusstsein erwacht und sich entwickelt.

Für die Menschheit ist es geradezu existenziell, dass weltweit der wissenschaftliche Sozialismus und seine dialektisch-materialistische Methode in Theorie und Praxis neues Ansehen gewinnen im Denken, Fühlen und Handeln der Arbeiter und der breiten Massen. Nur so wird die Menschheit in die Lage versetzt, alle Errungenschaften der modernen Naturwissenschaften von ihren reaktionären Fesseln zu befreien und sie sich für den gesellschaftlichen Fortschritt zu eigen zu machen. Umgekehrt werden die modernen Naturwissenschaften im Wechselverhältnis mit dem wissenschaftlichen Sozialismus Schritt für Schritt ihre Wissenschaftlichkeit zurückgewinnen und den unaufhaltsamen Erkenntnisfortschritt über die universelle Wirklichkeit beflügeln.

So ist dieses Buch eine **Streitschrift,** die die Arbeiterklasse herausfordert, sich im Bündnis mit fortschrittlichen Studierenden und Wissenschaftlern die führende Rolle in der weltanschaulichen Kritik an der bürgerlichen Naturwissenschaft zu erobern. Es ist auch eine Aufforderung an die fortschrittlichen Intellektuellen, sich von den herrschenden Monopolen, ihrer Politik und Weltanschauung, ihrer Denkweise und ihrer privilegierten Lebens- und Arbeitsweise zu lösen und sich der noch unterdrückten, aber einzig revolutionären Arbeiterklasse anzuschließen.

Angesichts der immer komplizierter werdenden Zusammenhänge und neu aufgeworfener Fragen in Natur und Gesellschaft muss das ideologisch-politische und wissenschaftliche

Niveau in der Arbeiterklasse und ihrer revolutionären Partei zielstrebig erhöht werden.

Obwohl sich das Buch mit der Naturwissenschaft befasst, richtet es sich ausdrücklich auch an Leserinnen und Leser, die sich bisher noch wenig mit diesem Thema beschäftigt haben. Möglicherweise werden nicht alle von Anfang an den ganzen Text verstehen. Davon sollte sich niemand entmutigen lassen! Alle werden in diesem Buch auf Anhieb und erst recht bei gründlicher Beschäftigung, gemeinsamem Studium und in der Diskussion interessante Anregungen und Erkenntnisfortschritte erleben, ihren Horizont erweitern und Antworten auf bisher unbeantwortete Fragen bekommen. Nicht zuletzt werden alle – ob Arbeiter, Akademiker oder Jugendlicher – ihr Kulturniveau erhöhen und Anregungen für eine kritische Haltung gegenüber der bürgerlichen Naturwissenschaft und für das wissenschaftliche Arbeiten erhalten.

Leserinnen und Leser können durchaus auch mit einzelnen, ihnen besonders interessant erscheinenden Abschnitten beginnen. Empfehlenswert ist aber auf jeden Fall, zunächst die zusammenfassende Einleitung und den Abschnitt über Aufschwung und Niedergang der bürgerlichen Naturwissenschaft zu lesen.

Dieses Buch ist einmal mehr **Produkt der kollektiven Weisheit** eines großen Teams sachkundiger, kritischer und wissenschaftlich denkender und handelnder Arbeitergenossen und gesellschaftskritischer Akademiker. Alle sind vereinheitlicht auf die dialektisch-materialistische Methode, mit der sie die Naturwissenschaften betrachten. Bei allen Mitarbeiterinnen und Mitarbeitern möchte ich mich ausdrücklich für die fruchtbare Zusammenarbeit bedanken. Dazu gehören unter anderem Dr. Günther Bittel, Herbert Buchta, Adelheid Erbslöh, Oskar Finkbohner, Prof. Christian Jooß, Christoph Klug und Prof. Josef Lutz. Für den mitunter komplizierten Prozess der Diskussion, Ausarbeitung und Schriftleitung möchte ich besonders die Zusammenarbeit mit Monika Gärtner-Engel und Gabi Fechtner hervorheben.

Das Buch ist meinem treuen Mitkämpfer, langjährigen Freund, Genossen und Arzt Anton »Toni« Lenz gewidmet, der seine Mitarbeit besonders im Bereich der Medizin aufgrund einer schweren und unheilbaren Erkrankung nicht mehr zu Ende führen konnte. Er verstarb am 23. Januar 2023.

Stefan Engel, Februar 2023

1. Aufschwung und Niedergang der bürgerlichen Naturwissenschaft

Im 19. Jahrhundert entwickelten sich die Naturwissenschaften stürmisch. Mit der industriellen Produktion blühten sie auf, verliehen ihr besonders durch den Einzug der Dialektik in die wissenschaftliche Tätigkeit einen mächtigen Auftrieb.

In Wechselwirkung mit der fortschreitenden Entwicklung der modernen Produktivkräfte entstanden im Lauf des 19. Jahrhunderts die **modernen Naturwissenschaften** – Physik, Biologie, Chemie, Astronomie und Geologie.[1] Über die damals wahrhaft revolutionären Fortschritte schrieb Friedrich Engels in »Dialektik der Natur«:

»Die empirische Naturwissenschaft (nahm) *einen solchen Aufschwung und erreichte so glänzende Resultate, daß dadurch nicht nur eine vollständige **Überwindung der mechanischen Einseitigkeit** des 18. Jahrhunderts möglich wurde, sondern auch die Naturwissenschaft selbst durch den Nachweis der in der Natur selbst vorhandenen **Zusammenhänge der verschiednen Untersuchungsgebiete** (der Mechanik, Physik, Chemie, Biologie etc.) aus einer **empirischen** in eine **theoretische Wissenschaft** und bei der Zusammenfassung des Gewonnenen in ein **System** der materialistischen Naturerkenntnis sich verwandelte.«*[2]

---

[1] Nach Friedrich Engels begann die Entwicklung der modernen Naturforschung in der zweiten Hälfte des 15. Jahrhunderts. Von Wissenschaft war aber erst seit dem 18. Jahrhundert zu sprechen, als sich Astronomie, Optik und Mechanik zu in sich geschlossenen Theorien entwickelten. (vgl. Friedrich Engels, »Anti-Dühring«, Marx/Engels, Werke, Bd. 20, S. 20)

[2] Friedrich Engels, »Dialektik der Natur«, Marx/Engels, Werke, Bd. 20, S. 467 – Hervorhebung Verf.

Beflügelt durch die bürgerliche Revolution und die Epoche
der Aufklärung gegen Aberglauben und kirchlichen Dogmatismus wandte sich ein bedeutender Teil der Naturwissenschaftler der Dialektik und dem Materialismus zu. Dies erfolgte
meist ohne bewusste Neuausrichtung der wissenschaftlichen
Tätigkeit. Erst recht folgten diese Naturwissenschaftler nicht
der Gesamtheit der proletarischen, dialektisch-materialistischen Ideologie, wie sie Marx und Engels theoretisch verallgemeinert hatten.

Friedrich Engels beschrieb die qualitativen Veränderungen
in der Naturforschung:

*»Die neue Naturanschauung war in ihren Grundzügen fer-
tig: Alles Starre war aufgelöst, alles Fixierte verflüchtigt, alles
für ewig gehaltene Besondere vergänglich geworden, die ganze
Natur als in ewigem Fluß und Kreislauf sich bewegend nachgewiesen.«*[3]

Er sah in der Entwicklung der modernen Naturwissenschaften vor allem eine bedeutende materielle Grundlage der Entwicklung des Klassenbewusstseins der Arbeiterklasse:

*»Erst die wirkliche Erkenntnis der Naturkräfte vertreibt die
Götter oder den Gott aus einer Position nach der andern«.*[4]

Als die Bourgeoisie nach der bürgerlichen Revolution[5] zur
herrschenden Klasse wurde, büßte sie ihre *»in der Geschichte
... höchst revolutionäre Rolle«* ein, in der sie *»alle feudalen,
patriarchalischen, idyllischen Verhältnisse zerstört«* hatte.[6]
Die bürgerliche Weltanschauung diente nun dazu, die kapi-

---

[3] ebenda, S. 320

[4] ebenda, S. 582

[5] ausgehend von der französischen Revolution 1789

[6] Karl Marx, Friedrich Engels, »Manifest der Kommunistischen Partei«,
Marx/Engels, Werke, Bd. 4, S. 464

talistischen Ausbeutungsverhältnisse zu rechtfertigen und
ihnen auch die bürgerlichen Naturwissenschaften mehr und
mehr unterzuordnen. Friedrich Engels erklärte:

»In demselben Maß, wie die Spekulation aus der philosophi-
schen Studierstube auszog, um ihren Tempel zu errichten auf
der Fondsbörse, in demselben Maß ging auch dem gebildeten
Deutschland jener große theoretische Sinn verloren ... – der
Sinn für rein wissenschaftliche Forschung, gleichviel, ob das
erreichte Resultat praktisch verwertbar war oder nicht, polizei-
widrig oder nicht.«[7]

Bürgerliche Wissenschaftler ersetzten Materialismus und
Dialektik überwiegend durch *»gedankenlose(n) Eklektizismus,*
ängstliche Rücksicht auf Karriere ... bis herab zum ordinärs-
ten Strebertum«[8].

Die Krise des mechanischen Materialismus

Ende des 19. Jahrhunderts entdeckten Naturwissenschaftler die Röntgenstrahlen, die Radioaktivität, die Elektronen
als Bestandteil der Atome sowie die Doppelnatur des Lichts.

Die bis dahin vorherrschende Denkweise des **mechani-**
schen Materialismus vermochte die neuen Erkenntnisse
nicht mehr wissenschaftlich zu erklären. Ihre Deutungen
beschränkten sich meist auf einfache kausale Zusammenhänge von Ursache und Wirkung. Diese Betrachtungsweise,
die in ihren Anfängen wertvolle Erkenntnisse wie die Entdeckung der Schwerkraft erbracht hatte, blieb unter den
Wissenschaftlern noch lange stark verbreitet.

---

[7] Friedrich Engels, »Ludwig Feuerbach und der Ausgang der klassischen
deutschen Philosophie«, Marx/Engels, Werke, Bd. 21, S. 306

[8] ebenda. Eklektizismus ist eine unwissenschaftliche Methode in der theoretischen Arbeit, bei der willkürlich Einzelerkenntnisse untersucht, gewichtet
und verallgemeinert werden.

Lenin definierte die nun einsetzende erkenntnistheoretische Fehlentwicklung in seiner Schrift »Materialismus und Empiriokritizismus« als »*physikalischen Idealismus*«:

»*Alle alten Wahrheiten der Physik, einschließlich solcher, die als unbestreitbar und unerschütterlich gegolten haben, erweisen sich als relative Wahrheiten – also könne es keine objektive, von der Menschheit unabhängige Wahrheit geben. So argumentiert ... der ... ›physikalische‹ Idealismus ... Daß sich die absolute Wahrheit aus der Summe der relativen Wahrheiten in deren Entwicklung zusammensetzt, daß die relativen Wahrheiten relativ richtige Widerspiegelungen des von der Menschheit unabhängigen Objekts sind ... – alle diese Sätze ... sind für die ›moderne‹ Erkenntnistheorie ein Buch mit sieben Siegeln.*«[9]

Allein ein dialektisches Herangehen und eine materialistische Deutung waren fähig, die neu entdeckten Naturphänomene zu erklären. Denn die dialektische Methode betrachtet im Gegensatz zur metaphysischen die objektive Wirklichkeit als beweglich und sich stets verändernd sowie ihre Gesetzmäßigkeiten als prinzipiell erkennbar. Materialistisch erworbene neue Erkenntnisse erweitern das Wissen über die objektive Welt. Die dialektische Methode betrachtet die bisherigen Grenzen des Wissens als relativ und strebt danach, sie zu überschreiten und so der absoluten Wahrheit über die sich ständig verändernde universelle Wirklichkeit immer näher zu kommen.

Mit der Verwischung von Materialismus und Idealismus durch bürgerliche Philosophen zu Beginn des 20. Jahrhunderts blühten Metaphysik und Idealismus neu auf. Das war eine offene Kriegserklärung der bürgerlichen Ideologie an den dialektischen Materialismus. Das führte unweigerlich zu

---

[9] Lenin, »Materialismus und Empiriokritizismus«, Werke, Bd. 14, S. 312

einem wissenschaftlichen Rückfall der modernen Naturwissenschaften.

Die Krise der bürgerlichen Naturwissenschaft

Über 150 Jahre antikommunistisch motivierter Kampf gegen den dialektischen Materialismus in der Naturwissenschaft führte dazu, dass die meisten Wissenschaftler die dialektisch-materialistische Theorie und Methode heute kaum oder nur in entstellter Form kennen, geschweige denn bewusst anwenden. Dagegen herrschen im Wissenschaftsbetrieb Pragmatismus und Positivismus vor: Der **Pragmatismus** ist lediglich auf den unmittelbaren praktischen Nutzen in internationalisierter Produktion und Handel des Imperialismus ausgerichtet. Die **positivistische Methode von Versuch und Irrtum** erbringt allenfalls einzelne, die Zusammenhänge vernachlässigende Erkenntnisse. Die Naturwissenschaften entfernten sich so mehr und mehr von den allgemeinen wissenschaftlichen Grundlagen, was in der Praxis teilweise zu verheerend destruktiven Ergebnissen führte.

Zweifellos wenden Naturwissenschaftler weiterhin die dialektische Methode in der einen oder anderen Form an, jedoch geschieht das meist unbewusst, spontan und bruchstückhaft. Ohne Anwendung der Dialektik gäbe es keine materialistisch verwertbaren Ergebnisse. Denn in der Wirklichkeit geht es nun einmal dialektisch zu! Aber diese Ergebnisse geraten immer mehr in Konflikt mit der bürgerlichen Ideologie, ihrer metaphysischen Erkenntnistheorie, idealistischen Deutung und ihrer Ausrichtung auf Maximalprofit bringende Verwertung.

Die bürgerliche Naturwissenschaft verlor ihre in sich geschlossene theoretische Grundlage, indem sie den dialektischen Materialismus verdrängte oder sich sogar feindlich gegen ihn stellte. Das untergräbt zunehmend ihren **wissenschaftlichen Charakter**.

So erreichen Forschung und Entwicklung zwar bis zum heutigen Tag eine gigantische und auch fortschreitende Vielfalt richtiger Einzelerkenntnisse. Die Metaphysik verzichtet jedoch weitgehend auf die Untersuchung des universellen Zusammenhangs der vielfältigen Einzelerkenntnisse. Das verschärft den Widerspruch zwischen dem Einzelwissen, das beschleunigt wächst und der notwendigen wissenschaftlichen Verallgemeinerung. Die Weiterentwicklung auch der theoretischen Grundlagen der Wissenschaften degeneriert mehr und mehr zur Randerscheinung. So entwickelte sich die **Krise der bürgerlichen Naturwissenschaften**, die immer häufiger offen aufbricht.

Wissen und Wissenschaft

Angesichts des kapitalistischen Krisenchaos und der Erklärungsnot der bürgerlichen Politiker wird heute gern die bürgerliche Naturwissenschaft ins Rennen geschickt, um die irreführenden Behauptungen bürgerlicher Politiker zu rechtfertigen.

Besonders während der Covid-19-Pandemie in den 2020er-Jahren sank das Vertrauen der Massen in die Regierung auf einen Tiefpunkt. Von dieser Vertrauenskrise geplagt, suchte die deutsche Bundesregierung nach einem glaubwürdigen Rettungsanker, um den Massen ihr untaugliches Krisenmanagement nahezubringen.

Eine Flut von Pressekonferenzen, Talkshows, Videos, Podcasts von und mit Virologen griff den Wunsch der Massen nach Klarheit und Wissenschaftlichkeit scheinbar auf. Auch wenn dort durchaus faktenreich und interessant über wissenschaftliche Themen informiert wurde, servierten sie den Zuschauern oft einen kaum zu ertragenden Mischmasch aus materialistischen Teilerkenntnissen, metaphysisch-idealistischen Deutungen und vor allem inkonsequenten oder willkürlich überzogenen Handlungsempfehlungen. Allein schon Statistiken, Schaubilder oder eine wissenschaftlich anmutende Ausdrucksweise versuchten Wissenschaftlichkeit vorzuspiegeln. Das funktioniert nur, weil heute ein **bürgerlich-positivistischer Wissenschaftsbegriff** verbreitet ist. Friedrich Engels unterschied dagegen ausdrücklich zwischen **Wissen und Wissenschaft**:

>*Die zahllosen, durcheinander gewürfelten Data der Erkenntnis wurden **geordnet, gesondert und in Kausalverbindung gebracht**; das Wissen wurde Wissenschaft, und die Wissenschaften näherten sich ihrer Vollendung, d. h. knüpften sich auf der einen Seite an die **Philosophie**, auf der andern an die **Praxis** an.«*[10]

Engels' Auffassung von Wissenschaft fußt auf der Lehre Hegels, dass **jede Einzelerscheinung einen universellen Zusammenhang** hat. Folglich kommen Wissenschaftler den Dingen erst auf den Grund, wenn sie sie in ihrer **ganzen Totalität und Allseitigkeit**, in ihrer **inneren Widersprüchlichkeit**, in ihrer **universellen Wechselwirkung mit anderen Prozessen** und in ihrer **Entwicklung** untersuchen. Der Unterschied zwischen Wissen und Wissenschaft in *»ihrer Vollendung«* besteht also darin, die materialistischen Einzelerkenntnisse bewusst auf das Niveau einer **dialektischen Gesamtbetrachtung** zu heben. Mehr noch, die **dialektische Einheit** von Theorie und Praxis – das heißt von Erkenntnis und wirksamer Veränderung der Wirklichkeit – herzustellen.

---

[10] Friedrich Engels, »Die Lage Englands«, Marx/Engels, Werke, Bd. 1, S. 550/551 – Hervorhebung Verf.

Die in sich geschlossene Theorie als wesentliche Grundlage jeder Wissenschaft

Vor allem die Forderung nach einer **in sich geschlossenen theoretischen Grundlage** stößt bei bürgerlichen und kleinbürgerlichen Wissenschaftlern oft auf Unverständnis und Ablehnung, auf den Vorwurf des Dogmatismus oder gar auf Spott.

Ein befreundeter Arzt schrieb am 27. Mai 2022 an die Redaktion REVOLUTIONÄRER WEG:

»Ich frage: Was heißt ›in sich geschlossene Theorie‹? Vom Standpunkt des wissenschaftlichen Sozialismus aus gibt es keine abgeschlossene Theorie, weil mit jeder wesentlichen theoretischen Erkenntnis neue Fragen aufgeworfen werden … Die dialektisch-materialistische Methode ebenso wie die historische und logische Analyse stehen nicht in einem grundsätzlichen Gegensatz zu diesem bürgerlichen Wissenschaftsbegriff.«

Die Umdeutung von »in sich geschlossen« in »abgeschlossen« ist nicht nur eine gravierende Oberflächlichkeit, sondern stellt die ganze Dialektik seit Hegel infrage.

In einer Antwort der Redaktion auf den genannten Brief am 2. August 2022 heißt es:

*»Deine **Ablehnung einer geschlossenen theoretischen Grundlage als Maßstab für Wissenschaftlichkeit entspricht einem positivistischen Wissenschaftsbegriff**, der nur Einzeltheorien zur Erklärung konkreter Erscheinungen anerkennt und den wissenschaftlichen Anspruch, das Ganze, sei es in der Gesellschaft oder in der Umwelt, zu erkennen und theoretisch zu erfassen, als ›totalitär‹ diffamiert. …*

Deine Behauptung, dass die ›dialektisch-materialistische Methode ebenso wie die historische und logische Analyse … nicht in einem grundsätzlichen Widerspruch zu diesem bürgerlichen Wissenschaftsbegriff‹ stehen würden, ist daher offen-

*sichtlich falsch. ... **die bürgerliche Ideologie bekämpft ja gerade die dialektisch-materialistische Methode und Weltanschauung** ... Darin kommt direkt der **Klassenkampf** und damit der **Antagonismus zwischen bürgerlichem und marxistisch-leninistischem Wissenschaftsbegriff** zum Ausdruck.«*

Natürlich gibt es auch Schnittmengen zwischen proletarischer und bürgerlicher Ideologie. So ist die Untersuchung des Zusammenhangs von Ursache und Wirkung eine Methode der Metaphysik, solange sie verabsolutierend auf ein Problem angewandt wird. Sie wird zu einem Merkmal der Dialektik, wenn sie als *ein Element* der universellen Wechselwirkungen in einem komplexen Sachverhalt betrachtet wird.

Der bürgerlichen Wissenschaft einen allgemein nicht-antagonistischen Widerspruch zum wissenschaftlichen Sozialismus anzudichten, leugnet ihren Klasseninhalt und kapituliert vor der komplizierten Aufgabe, die dialektischen Zusammenhänge zu analysieren.

Lenin polemisierte gegen jede Ignoranz der bürgerlichen Wissenschaft und die Abwehr neuer Erkenntnisse. Ebenso aber auch dagegen, die in sich geschlossene proletarische Weltanschauung aufzugeben unter dem Vorwand, neue Erkenntnisse der Wissenschaft aufzunehmen:

*»Aber gegen die bürgerliche Wissenschaft nicht die Augen zu verschließen, sie im Blickfeld zu behalten und auszuwerten, sich jedoch **kritisch** zu ihr zu verhalten, ohne die Geschlossenheit und Bestimmtheit der Weltanschauung preiszugeben, ist eine völlig andere Sache, als vor der bürgerlichen Wissenschaft die Segel zu streichen«.*[11]

Moderne Wissenschaft ist heute mehr denn je **nur auf einer dialektisch-materialistischen Grundlage denkbar!**

---

[11] Lenin, »Eine unkritische Kritik«, Werke, Bd. 3, S. 656

Das zu leugnen, bedeutet einen erkenntnistheoretischen Rückfall in die Zeit des Feudalismus, in der der wissenschaftliche Anspruch schon als erfüllt galt, wenn Forscher einzelne
Erkenntnisse und Beobachtungen theoretisch untermauern
konnten.

In der Fähigkeit und im Anspruch einer in sich geschlossenen theoretischen Grundlage liegt auch der qualitative Unterschied zwischen den Anfängen der Naturforschung und den
modernen Wissenschaften. Der marxistisch-leninistische
Theoretiker **Willi Dickhut**[12] schrieb dazu:

*»Newton hatte das erste, wirklich weltumspannende Gesetz
gefunden: das **Gravitationsgesetz** ... Durch Newton wurde
die Metaphysik der Weltanschauung durchbrochen. Ohne daß
die Forscher es ahnten, eigneten sie sich mehr und mehr die
dialektische Methode der Anschauung an, indem sie die Him-
melskörper in ihren wahren Bewegungen, Veränderungen,
Zusammenhängen und gegenseitigen Abhängigkeiten und Ein-
wirkungen untersuchten und erforschten. Newtons Entdeckung
bedeutete einen Sprung in der Entwicklung der Astronomie.«*[13]

Marx und Engels machten aus der längst vor ihnen existierenden Utopie des Sozialismus eine Wissenschaft, indem sie
bewusst die objektiven Gesetzmäßigkeiten in Natur, Gesellschaft und im menschlichen Denken erforschten und dabei an
ihre Arbeit den höchsten wissenschaftlichen Maßstab anleg-
ten. Dazu gehörten das Studium und die profunde Kenntnis
sämtlicher fortgeschrittener Erkenntnisse der Menschheit. Sie
schufen eine **in sich geschlossene gesellschaftliche Theorie und Methode** – zusammengefasst als **dialektischer**

---

[12] Willi Dickhut (1904–1992) war von Beruf Schlosser und wurde 1926 Mitglied der KPD. Von 1969 bis 1991 war der Mitbegründer der MLPD unter
anderem Leiter ihres theoretischen Organs REVOLUTIONÄRER WEG.

[13] Willi Dickhut, »Materialistische Dialektik und bürgerliche Naturwissenschaft«, S. 28

und historischer Materialismus. Dieser wurde fortan zur lebendigen, sich stets weiterentwickelnden wissenschaftlichen Grundlage in Theorie und Praxis der internationalen revolutionären und Arbeiterbewegung.

2. Die weltanschauliche Sackgasse der modernen Physik

Die **Physik** ist als **Wissenschaft** von den **Eigenschaften und Bewegungsgesetzen** vor allem der **unbelebten Materie** eine Grundlage der gesamten modernen Naturwissenschaft. Seit Ende des 19. und Anfang des 20. Jahrhunderts brachte sie eine Flut neuer Erkenntnisse hervor, die Grundlage einer gewaltigen wissenschaftlich-technischen Revolution mit der Entwicklung von Optik, Mikroelektronik, Kommunikationstechnologie oder Raumfahrt wurden. Dabei überwand sie sowohl bei der Erforschung des Universums als auch bei der Erforschung kleinster Teilchen und Strukturen nach und nach die bis dahin herrschende Grenze der menschlichen Wahrnehmung.

Kontinuierliche und diskontinuierliche Materie

Der Gedanke einer unendlichen, »**kontinuierlich**« genannten Materie kam unter Naturforschern schon früh auf. Sie galt seit dem 17. Jahrhundert als mögliche Erklärung, warum sich zum Beispiel Lichtwellen im ansonsten als »leer« gedachten Raum bewegen können. Man vermutete eine Art feinsten Mediums, den **Äther**, in dem sich die Lichtwellen vergleichbar den Wasser- oder Schallwellen ausbreiten. Die mechanische Vorstellung, der Äther wäre selbst eine bewegungslose, ruhende Wolke im Raum, wurde durch ein berühmtes Experiment von Michelson und Morley in den Jahren 1881 und 1887 widerlegt.

In der Folge wurde die **physikalische Vorstellung vom Äther** verworfen.

Diese Vorstellung vom Äther hatte aber einen **weltanschaulich bedeutsamen Kern**! Er bestand darin, die idealistische Auffassung von der »**Leere**« **als Abwesenheit von Materie** zu bestreiten.

Statt nur die widerlegten konkreten physikalischen Annahmen zum Äther zu verwerfen, verbannte jedoch die Mehrzahl der Physiker den Ätherbegriff nicht nur aus der Physik, sondern auch aus der Weltanschauung.

Damit bestritten sie die Existenz der unendlichen, der kontinuierlichen Materie und beschränkten sich auf ihre messbaren, diskreten, diskontinuierlichen Formen. Aus der Begrenztheit ihrer subjektiven Wahrnehmung schlussfolgerten die bürgerlichen Physiker sogar die **Begrenztheit der Materie** überhaupt. Diese Fehlannahme war einer der Ausgangspunkte für den Rückfall der Physik in den Idealismus, was sich bis zur **Krise der modernen bürgerlichen Physik** ausweitete. Nach Lenin besteht ihr Wesen

»in der Preisgabe der außerhalb des Bewußtseins existierenden objektiven Realität, d. h. in der Ersetzung des Materialismus durch Idealismus und Agnostizismus.«[14]

Nach der dialektisch-materialistischen Auffassung ist jedoch die gesamte objektive Wirklichkeit **sich in Raum und Zeit bewegende Materie**. Sie bewegt und entwickelt sich nach dialektischen Bewegungsgesetzen[15]. Da es **keine Bewe-**

---

[14] Lenin, »Materialismus und Empiriokritizismus«, Werke, Bd. 14, S. 257. Agnostizismus ist die Auffassung von der Unerkennbarkeit der Welt oder der Wahrheit.

[15] Als elementare dialektische Bewegungsgesetze faßte Friedrich Engels zusammen: Umschlag von Quantität in Qualität und umgekehrt, Einheit und Kampf der Gegensätze und Negation der Negation.

gung ohne Materie gibt, existiert auch **kein Raum oder keine Zeit ohne Materie.**

Kontinuierliche und diskontinuierliche Materie sind **philosophische Begriffe** zur **theoretischen Unterscheidung der (noch) nicht erkennbaren von der erkannten materiellen Welt.** Konkrete Formen der Materie sind natürlich die Atome und Moleküle, aber auch die lebendigen Wesen der Pflanzen- und Tierwelt, die verschiedenen Formen der Energie, bestimmte gesellschaftliche Prozesse oder Bewusstseinsformen wie die Sprache, die Schrift oder bestimmte gesellschaftliche Organisationsformen. Diese konkreten Formen der Materie werden als **diskontinuierliche** oder **diskrete Materie**[16] bezeichnet.

Unter dem Begriff der **kontinuierlichen Materie** wird dagegen die allgegenwärtige unendliche, also (noch) nicht wahrnehmbare oder messbare Materie verstanden. Die **Begriffe** von kontinuierlicher und diskontinuierlicher Materie sind **wesensgleich.** Sie fußen beide auf der grundlegenden Erkenntnis, dass die universelle Wirklichkeit materiell ist und kontinuierliche und diskontinuierliche Materie sich ineinander verwandeln können. Ihre Unterscheidung ist **rein erkenntnistheoretischer Natur** und kann nicht schablonenhaft auf die Wirklichkeit übertragen werden. Was heute begrifflich zur kontinuierlichen Materie gehört, weil es (noch) nicht erkennbar ist, kann morgen mess- und sichtbar sein und deshalb als Bestandteil der diskontinuierlichen oder diskreten Materie dargestellt werden. Was umgekehrt als diskrete, abgegrenzte Materie erkannt ist, bleibt zugleich immer Bestandteil des unendlichen Universums.

Die begriffliche Unterscheidung ist für eine dialektisch-materialistische Naturauffassung und -forschung notwendig,

---

[16] Diskret kommt von lateinisch discretus = unterscheidbar.

um die universelle Wirklichkeit allseitig und richtig zu deuten und zu beeinflussen. Aus ihr folgt vor allem, dass nicht nur das Offenkundige, sondern auch das noch nicht Erkannte existiert und die Menschheit bei allem Erkenntnisfortschritt nie alles wissen wird.

Die unendliche Gesamtheit der kontinuierlichen Materie ist für das menschliche Vorstellungsvermögen nicht zu erfassen. Mit Hilfe der dialektisch-materialistischen Methode und praktischer Erfahrungen kann sich die Menschheit aber in einem ebenso unendlichen Prozess die Wirklichkeit immer besser erklären und auf sie Einfluss nehmen. *»Das Unendliche ist ebenso erkennbar wie unerkennbar«*, qualifiziert Friedrich Engels treffend.[17]

Kampf und Einheit der Gegensätze von kontinuierlicher und diskontinuierlicher Materie in der universellen Wirklichkeit und ihre erkenntnistheoretische Unterscheidung begründen die grundlegende Einheit **von Theorie und Praxis** des wissenschaftlichen Sozialismus und der proletarischen Denkweise.

Materialistische Deutung der Quantentheorie

Die Vorstellungskraft der »klassischen« Physiker traf bei der Erkenntnis der kleinsten Teilchen der Materie auf zunächst unüberwindlich erscheinende Grenzen. Jahrhundertelang wogte der Streit, ob das Licht nun aus Wellen oder aus Teilchen bestehe. In der Untersuchung des Aufbaus der Atome musste die ursprüngliche Annahme einer Art »Miniplanetensystem«, einer Elektronenbewegung in Umlaufbahnen um den Atomkern, verworfen werden. Auch die mechanische Vorstellung von Elektronen, die sich durch einen als »leer

---

[17] Friedrich Engels, »Dialektik der Natur«, Marx/Engels, Werke, Bd. 20, S. 502

gedachten Raum« in Kreisbahnen bewegen würden, konnten die Physiker nicht aufrechterhalten.

Der gesamte Raum zwischen Atomkern und Elektronen ist nämlich ebenfalls erfüllt von Materie. Die bewegte Materie des scheinbar »leeren Raums« übt einen ständigen Einfluss auf die wellenförmige Elektronenbewegung um den Kern aus. Dabei treten auch stabile Bewegungszustände des Elektrons im Atom auf, die dem **Gesetz der Energiequantisierung** unterliegen. Es besagt, dass Änderungen solcher stabiler Bewegungszustände nur in festen Portionen, in Quanten, möglich sind. Wie ein Mensch, der eine Treppe hochgeht, nicht zwischen zwei Stufen stehen bleiben kann, können Elektronen nicht dauerhaft auf beliebigen Energieniveaus existieren.

Am 14. Dezember 1900 stellte **Max Planck** auf der Sitzung der Deutschen Physikalischen Gesellschaft seine Erkenntnisse vor, dass Wärmestrahlung nicht kontinuierlich, sondern in Energiepaketen, in Quanten, emittiert wird. Dieser Tag gilt als die **Geburtsstunde der Quantentheorie.** Sie wurde in den 1920er-Jahren von **Erwin Schrödinger, Werner Heisenberg, Niels Bohr, Paul Dirac, Max Born** und **Albert Einstein** in der **Quantenmechanik weiterentwickelt.**

Mit der **Quantentheorie** gelang erstmals eine Synthese der beiden sich vermeintlich ausschließenden Theorien über das Licht als Teilchen oder als Welle. Die Quantentheorie umfasst alle physikalischen Theorien, die belegen, dass physikalische Größen (Energie, Impuls, Drehimpuls) ein Vielfaches eines kleinsten Betrags sind, des **Wirkungsquantums.** Elektronen, die vorher als Teilchen angenommen wurden, zeigten in Experimenten plötzlich ihren Wellencharakter, Lichtwellen ihren Teilchencharakter und umgekehrt. Die Quantentheorie deckt die dialektische Wechselwirkung von Bewegung und Materie in den Atomen auf. So wurden immer mehr Energieübergänge und damit verbundene Zustandsänderungen der Teilchen und ihrer Wellenform sowie Verwandlungen eines Teilchens in ein anderes als **ständiger Umschlag von Quantität in Qualität und umgekehrt** entdeckt.

Willi Dickhut beschreibt das in seiner Anfang der 1940er-Jahre verfassten Studie »Materialistische Dialektik und bürgerliche Naturwissenschaft« so:

»Erkennbare, entwickelte Materie äußert sich sprunghaft; die ganze Entwicklung überhaupt äußert sich sprunghaft; die ganze Natur arbeitet sprunghaft …

Gleichungen, fertige Dinge waren in Augen der Physiker das Primäre, Prozesse werden vernachlässigt. Prozesse aber kennzeichnen die Qualität. Durch Veränderung, Verwandlung, lebendige Bewegung, schlägt Quantität in Qualität um und umgekehrt. Und die Umwandlungsprozesse sind das Primäre. Quantitätsbestimmung ist notwendig, um die Materie zu konkretisieren, Dinge und Erscheinungen zu erfassen, zu messen, darin liegt die Bedeutung der Zahl. Qualitätsbestimmung ermöglicht aber erst, den ganzen, gewaltigen Entwicklungsprozeß der Natur zu erfassen. Und darum ist letztere die entscheidende Seite, das darf bei aller Bedeutung der Zahl, der Quantitäten, nie außer acht gelassen werden, denn in der Welt geht es dialektisch und nicht metaphysisch zu.«[18]

Bei einer Solarzelle zum Beispiel kann durch Zustandsänderungen eine Umwandlung der Lichtenergie in elektrische Energie stattfinden. Dabei nehmen in einem Halbleitermaterial wie Silizium Elektronen die Energie des Lichts auf und gehen in ein höheres Energieniveau über. Im niederen Energieniveau entstehen dadurch positive elektrische Ladungen, im Unterschied zu den negativ geladenen Elektronen. Diese entgegengesetzten Ladungen können an einer Grenzfläche ge-

---

[18] Willi Dickhut, »Materialistische Dialektik und bürgerliche Naturwissenschaft«, S. 256/257

trennt werden und so eine elektrische Spannung erzeugen. Ist das System an einen elektrischen Stromkreis angeschlossen, entsteht ein elektrischer Stromfluss, der durch die Dauereinstrahlung des Lichts auf die Solarzelle aufrechterhalten wird. Ähnliche Effekte der Zustandsänderungen und der Trennung von Ladungen an Grenzflächen werden zum Beispiel in Dioden und Transistoren genutzt, die bis heute die Grundlage der Mikroelektronik sind.

Die Wissenschaftsautorin **Brigitte Röthlein**[19] beschreibt in ihrem Artikel »Vom Spuk zum Alltagsgeschäft« den Zusammenhang zwischen theoretischen Fortschritten der Quantentheorie und praktischem Nutzen für die Menschheit:

»Als vor rund 100 Jahren die Physiker damit begannen, die bis dahin als sicher geglaubten Grundlagen der klassischen Physik mit der Quantentheorie zu untergraben, hatten sie zunächst nur ein rein theoretisches Interesse. Sie wollten einfach merkwürdige Phänomene erklären, die sich mit der Lehrbuchphysik nicht fassen ließen ... Inzwischen hat die damals entstandene Quantenmechanik unzählige praktische Anwendungen. Jeder Laser, jedes Handy, jedes TV-Gerät und jeder Computer beruht auf den Gesetzen dieser Physik. Dennoch trug dieses Gebiet der Physik lange den Nimbus des Geheimnisvollen und Unerklärlichen.«[20]

Idealistische Deutung der Quantentheorie

Die Auflösung des *»Unerklärlichen«*, die Frage nach der materiellen Natur und der Gesetzmäßigkeit von Welle und Teilchen, ist Ausdruck der dialektischen Einheit von kontinuierlicher und diskontinuierlicher Materie. Diese Erklärung hielten

---

[19] Brigitte Röthlein, geb. 1949, Physikerin, deren besonderes Anliegen die massenverständliche Darstellung der Naturwissenschaften ist

[20] Brigitte Röthlein, »Vom Spuk zum Alltagsgeschäft«, welt.de 12.3.2013

Heisenberg und Bohr Ende der 1920er-Jahre in der von ihnen verfassten **Kopenhagener Deutung** jedoch für unzulässig. Ihre Ablehnung der materialistischen Deutung der Natur oder der Gesetzmäßigkeit von Welle und Teilchen ist bis heute vorherrschende Lehrmeinung. Heisenberg führte dazu aus:

»Es ist ganz allgemein unmöglich, anschaulich zu beschreiben, was zwischen zwei aufeinanderfolgenden Beobachtungen geschieht. Natürlich ist man versucht zu sagen, das Elektron müsse zwischen den beiden Beobachtungen irgendwo gewesen sein, und es müsse irgendeine Art von Bahn oder Weg beschrieben haben – selbst wenn es etwa unmöglich sein sollte, diesen Weg festzustellen. So könnte man in der klassischen Physik vernünftigerweise argumentieren. In der Quantentheorie aber würde es sich dabei um einen Mißbrauch der Sprache handeln«.[21]

Demnach seien angeblich **keine Aussagen über die Wirklichkeit**, vor allem von Übergängen außerhalb von Messungen, **möglich**. Das ist der **erste idealistische Grundfehler** der Kopenhagener Deutung. Seine weltanschauliche Grundlage knüpft an der Verwischung von Materialismus und Idealismus bei **Immanuel Kant**[22] an. Dieser anerkennt, dass es objektive Realität, »das Ding an sich«, gibt. Aber er behauptet zugleich, dass sie nur äußerlich beschreibbar, aber in ihren inneren Gesetzen nicht erkennbar sei. Daher seien nur Aussagen über unmittelbar Beobachtbares zulässig. Lenin polemisierte gegen diesen Standpunkt, weil er den Fortschritt der menschlichen Erkenntnis über die objektive Realität abstreitet. Dialektisch-materialistisches Denken muss stattdessen

---

[21] Werner Heisenberg, »Die Kopenhagener Deutung der Quantentheorie«, S. 5

[22] Immanuel Kant (1724–1804), deutscher Philosoph der Aufklärung, dessen Schriften zur bürgerlichen Religions-, Rechts- und Geschichtsphilosophie, Astronomie und Geowissenschaft bis heute Einfluss auf die bürgerliche Weltanschauung und Wissenschaft nehmen

»untersuchen, auf welche Weise das **Wissen** *aus* **Nichtwissen** *entsteht, wie unvollkommenes, nicht exaktes Wissen vollkommener und exakter wird.«*[23]

Die **idealistische Vorstellung von der absoluten Begrenztheit unserer Erkenntnis** entspricht dem bürgerlichen Klasseninteresse. So ließen sich zwar die äußeren Erscheinungen der Dinge, nicht aber die ihnen zugrunde liegenden inneren gesetzmäßigen Ursachen erfassen. Demnach gäbe es für die Krisenhaftigkeit des Imperialismus keine tiefer liegenden Gesetzmäßigkeiten, die erkannt werden könnten. Das Auftreten der kapitalistischen Krisen soll als unerklärlich, unveränderbar und das an der Oberfläche kratzende bürgerliche Krisenmanagement als **alternativlos** erscheinen.

Das **metaphysische Nebeneinander von Teilchen und Welle als »klassische Eigenschaften«**, die nur »entweder – oder« auftreten könnten, ist der **zweite Grundfehler** der Kopenhagener Deutung. Willi Dickhut sah dagegen in der *»Quantentheorie ... ein glänzendes Zeugnis der Dialektik.«*[24]

»Die Welle ist die Bewegungsform der Materie, wobei das Licht als eine Erscheinungsform der Materie anzusehen ist. Jede Bewegung äußert sich wellenmäßig, jede Masse korpuskelförmig. Je nachdem, ob der Faktor Masse oder der Faktor Bewegung mehr in den Vordergrund tritt, beispielsweise beim Elektron, Proton, Neutron usw. die Masse, beim Licht die Bewegung, tritt auch die Korpuskel oder die Welle mehr in Erscheinung.«[25]

In der Natur gibt es keine Trennung von Teilchen und Welle. Beide sind nur verschiedene Seiten ein und derselben Form

---

[23] Lenin, »Materialismus und Empiriokritizismus«, Werke, Bd. 14, S. 96

[24] Willi Dickhut, »Materialistische Dialektik und bürgerliche Naturwissenschaft«, S. 190

[25] ebenda, S. 217

der sich bewegenden Materie. Die Kopenhagener Deutung errichtete jedoch einen mystischen Damm gegen den dialektisch-materialistischen Erkenntnisfortschritt, wenn Heisenberg warnte:

»Ein Hemmnis für das Verständnis dieser Deutung ergibt sich allerdings stets, wenn man die bekannte Frage stellt: Aber was geschieht denn ›wirklich‹ in einem Atomvorgang?«[26]

Nach den tatsächlichen, gesetzmäßigen Vorgängen in einem Atom zu fragen, wäre also »hemmend«? Welch armseliges Verständnis von Wissenschaft! Kein ernsthafter Mensch mit gesundem Menschenverstand würde behaupten, dass die Rückseite des Monds erst seit dem Moment existiert, als Menschen sie auch beobachten und erforschen konnten. Eine solche **agnostizistische Deutung** ist aber bis heute in der Quantenphysik vorherrschend. »*Ein Hemmnis*« ist die Frage nach der Wirklichkeit und ihren Gesetzmäßigkeiten aber nur für die Verbreitung der bürgerlichen Ideologie und ihres Idealismus.

»Verschränkte Quantenzustände« und die Mathematisierung der Physik

Der Nobelpreis für Physik wurde im Jahr 2022 für die bahnbrechenden Forschungen an sogenannten »**verschränkten Quantenzuständen**« vergeben. Diese brachten den Nachweis, dass Teilchen (Photonen) über große Entfernungen miteinander »verschränkt« sind, das heißt, dass ihre Eigenschaften nicht unabhängig voneinander existieren. Materialistische Grundlage der »Verschränkung« ist die Ausbildung gemeinsamer Materiewellen dieser Teilchen. Dies kann zum Beispiel in neuen Computergenerationen, den sogenannten Quantencomputern, praktisch genutzt werden. Das ist zweifellos ein großer Erkenntnisfortschritt.

---

[26] Werner Heisenberg, »Die Kopenhagener Deutung der Quantentheorie«, S. 7

Einer der drei Preisträger, Professor **Anton Zeilinger**, behauptet jedoch, dass Materiewellen **rein mathematische Konstrukte** sind und in der Wirklichkeit nicht existieren:

> *»Die Annahme, dass sich diese Wahrscheinlichkeitswellen tatsächlich im Raum ausbreiten, ist also nicht notwendig ... Es ist daher viel einfacher und klarer, die Wellenfunktion ... nicht als etwas Realistisches zu betrachten, das in Raum und Zeit existiert, sondern lediglich als ein mathematisches Hilfsmittel, mit Hilfe dessen man Wahrscheinlichkeiten berechnen kann.«*[27]

Das heißt nichts anderes als: Die objektive Wirklichkeit entsteht als *»mathematisches Hilfsmittel«* im Kopf. Sie ist angeblich nicht **Ursprung**, sondern **Ergebnis** menschlicher Ideen.

Die Quantentheorie wird in ihrer idealistischen Deutung zum Vehikel, dem religiösen Aberglauben einen quasi wissenschaftlichen Anstrich zu verpassen. Gegen diese idealistische Erkenntnistheorie polemisierte Lenin schon vor über 100 Jahren:

> *»Unsere Empfindungen, unser Bewußtsein sind nur das **Abbild** der Außenwelt, und es ist selbstverständlich, **daß ein Abbild nicht ohne das Abgebildete existieren kann**, das Abgebildete aber unabhängig von dem Abbildenden existiert.«*[28]

Materialistisch betrachtet widerspiegelt die Quantentheorie die objektiv stattfindenden Bewegungen von Teilchen beim Übergang zwischen unterschiedlichen subatomaren Strukturebenen im Mikrokosmos. Das **materialistische Wesen der Quantentheorie** besteht gerade darin, die scheinbar zufälligen Einflüsse der nicht vollständig erforschten Materieform auf die Teilchenbewegung mittels **Wahrscheinlichkeitsgesetzen** aufzufinden. Es liegt auf der Hand, dass für

---

[27] Anton Zeilinger, »Einsteins Schleier«, S. 194

[28] Lenin, »Materialismus und Empiriokritizismus«, Werke, Bd. 14, S. 61 – zweite Hervorhebung Verf.

die mathematische Erfassung quantenmechanischer Gesetzmäßigkeiten eine **Weiterentwicklung der Mathematik** notwendig war. Diese Weiterentwicklung befruchtete wiederum
die Entwicklung der **Halbleiterphysik**.[29] Sie entstand als
materialistische Theorie in Wechselwirkung mit der industriellen Entwicklung der Mikroelektronik. Sie ermöglicht prä-
zise Vorhersagen quantenmechanischer Effekte und damit
deren technische Nutzung. Diese Einheit von Theorie und
Praxis machte die gesamte technische Neuerung mithilfe der
Digitalisierung und Automation erst möglich.

Unter dem weltanschaulichen Einfluss des Idealismus **löste**
sich die **Mathematik** jedoch zunehmend **von der Wirklichkeit**. Heisenberg behauptete sogar absurderweise:

*»Die letzte Wurzel der Erscheinungen ist also nicht die Ma-
terie, sondern das mathematische Gesetz, die Symmetrie, die
mathematische Form.«*[30]

Wenn *»das mathematische Gesetz«* also *»die letzte Wurzel
der Erscheinungen«* in der Wirklichkeit ist – was ist dann die
Wurzel des mathematischen Gesetzes? Wurde es von irgend-
einem Gott erlassen? Oder entspringt es allein den genialen
Gedankengängen eines Herrn Heisenberg, der es dann der
Natur überstülpt, um sie in seinem Sinn zu interpretieren?
Wissenschaftlich begründete Naturgesetze wie auch erfolgreiches gesellschaftliches Handeln können nur Ausdruck des
Auffindens, der Erkenntnis und Nutzung objektiv vorhande-
ner materieller Bewegung oder Bewegungsgesetze der Materie
sein und niemals etwas Ausgedachtes.

---

[29] Physik der Materialien, die bei tiefen Temperaturen elektrisch isolierend
sind, durch Energieaufnahme (Licht, Wärme, mechanische Energie) jedoch
leitfähig werden (zum Beispiel Silizium, Germanium, Galliumarsenid)

[30] Werner Heisenberg, »Wandlungen in den Grundlagen der Naturwissenschaft«, S. 140

Friedrich Engels hat in seinem Werk »Anti-Dühring« den dialektisch-materialistischen Standpunkt zum Wechselverhältnis von konkreter Analyse und theoretischer Abstraktion auf den Punkt gebracht:

*»Aber wie in allen Gebieten des Denkens werden auf einer gewissen Entwicklungsstufe die aus der wirklichen Welt abstrahierten Gesetze von der wirklichen Welt getrennt, ihr als etwas Selbständiges gegenübergestellt, ... so und nicht anders wird die **reine** Mathematik nachher auf die Welt **angewandt**, obwohl sie eben dieser Welt entlehnt ist und nur einen Teil ihrer Zusammensetzungsformen darstellt – und grade **nur deswegen** überhaupt anwendbar ist.«*[31]

Positivistische und pragmatische Anwendungen der Quantentheorie

Die irreführende Behauptung der Kopenhagener Deutung, dass die Natur im Bereich der Quantentheorie zwar nicht zu verstehen, wohl aber mittels der Mathematik zu berechnen wäre, wirkt auch bei der industriellen Anwendung. In einem Artikel zur Würdigung von »100 Jahre Quantentheorie« heißt es dazu:

»Die Kopenhagener Deutung lieferte ein enorm erfolgreiches Rechenrezept, das die experimentellen Resultate richtig wiedergab ... Diese pragmatische Einstellung erwies sich als ungeheuer erfolgreich.«[32]

Die *»pragmatische Einstellung«*, Zusammenhänge in der Wirklichkeit durch *»Rechenrezepte«* zu ersetzen, kam den Monopolen für den seit den 1950er-Jahren tobenden Konkur-

---

[31] Friedrich Engels, »Anti-Dühring«, Marx/Engels, Werke, Bd. 20, S. 36
[32] Max Tegmark, John Archibald Wheeler, »100 Jahre Quantentheorie«, spektrum.de 1. 4. 2001

renzkampf um die Führungsrolle in der Atomtechnologie und
der Mikroelektronik gerade recht.

Physiker verkündeten in den 1950er-Jahren das »Atomzeit-
alter« und versprachen die Bereitstellung nahezu grenzen-
loser Mengen an Energie. Das basierte auf Erfolgen der Anwendung der Quantentheorie auf den radioaktiven Zerfall, die
Spaltung von Atomkernen und die dabei freigesetzte Energie.

Doch die Aussicht auf grenzenlose Profite durch die atomar
erzeugte Energie förderte die bornierte Beschränkung der
Theorie auf Berechnungen einzelner Kernvorgänge, während
der Gesamtzusammenhang ignoriert wurde. Materialistisch
begründete Einwände und Kritiken wurden beiseitegescho-
ben, was weitreichende Folgen für die Menschheit hatte: Sie
reichen von katastrophalen Atomunfällen wie 1986 im Atom-
kraftwerk (AKW) Tschernobyl oder 2011 im AKW Fukushi-
ma als Folge einer Tsunami-Katastrophe über die Gefahren
eines atomaren Super-GAUs wie durch Beschuss des AKW
Saporischschja bis zur Gefahr des Einsatzes von Atomwaffen
im Ukrainekrieg seit 2022. Die Gefahren beinhalten die chronische Freisetzung radioaktiven Materials bis zum nach heu-
tigem Erkenntnisstand unlösbaren Problem, radioaktive Abfälle zu entsorgen. Bis heute hat die Atomindustrie weltweit
mehr als 65 Millionen Tonnen radioaktiver Abfälle angehäuft
und in erst wenigen, aber immer noch menschheitsgefährden-
den Endlagerstätten untergebracht. In Deutschland existieren
nur Zwischenlager und noch nicht einmal ein konkreter Plan
für ein Endlager.

Die weltanschauliche Ausrichtung der Physik auf mathematische Berechenbarkeit einzelner Vorgänge des radioaktiven Zerfalls legte die Grundlage für die grob fahrlässige
These der »sicheren Beherrschbarkeit der Atomkraft«. Die
Anreicherung der Biosphäre mit Radioaktivität stellt heute

einen wesentlichen Faktor der beginnenden globalen Umwelt-katastrophe dar.

In dem Buch »Katastrophenalarm! Was tun gegen die mut-willige Zerstörung der Einheit von Mensch und Natur?« heißt es zu dieser Entwicklung:

*»Die entscheidende Triebkraft der bürgerlichen Natur-wissenschaft ist, Naturerkenntnisse möglichst schnell und unmittelbar in maximalprofitbringende Produktion von Waren umzusetzen. Das gebietet der erbitterte kapitalistische Konkur-renzkampf auf der Stufe der internationalisierten Produktion. Diese bornierte Motivation schränkt den Gesichtskreis der Naturwissenschaft immer weiter ein und hat zu einer **Krise in der Entwicklung der modernen Naturwissenschaften** geführt.«*[33]

Die Schlacht um die weltanschauliche Deutungshoheit in der Physik

Einige Physiker gehen so weit, aus der Quantentheorie die »Überholtheit des Materialismus« überhaupt abzuleiten. Ein Vertreter dieser Theorie ist der Physiker **Hans-Peter Dürr**[34], der das folgende »neue physikalische Weltbild« entwarf:

*»Die ursprünglichen Elemente der Quantenphysik sind **Be-ziehungen der Formstruktur**. Sie sind nicht Materie. Wenn diese Nicht-Materie gewissermaßen gerinnt, zu Schlacke wird, dann wird daraus etwas ›Materielles‹. Oder noch etwas riskan-ter ausgedrückt: **Im Grunde gibt es nur Geist**.«*[35]

---

[33] Stefan Engel, »Katastrophenalarm! Was tun gegen die mutwillige Zerstö-rung der Einheit von Mensch und Natur?«, S. 20/21

[34] Dürr (1929–2014) war Mitarbeiter und Nachfolger von Werner Heisen-berg als geschäftsführender Direktor des Max-Planck-Instituts für Physik und Astrophysik.

[35] Hans-Peter Dürr, »Warum es ums Ganze geht«, S. 95

Dieser ominöse Geist, der ganz offensichtlich Herrn Dürr
ergriffen hat, zog seine Fähigkeit zum wissenschaftlichen
Denken leider arg in Mitleidenschaft. Wie in einem schlechten Fantasyfilm gerinnt bei ihm der vorher immaterielle Geist
auf wundersame Weise zu Materie. Was schert ihn dann noch
die physikalische Grundannahme, dass sich eine Form der
Materie wie die Energie nur in eine andere umwandeln, aber
ebenso wenig aus dem Nichts entstehen wie sich in Nichts
auflösen kann?

Aus der Tatsache, dass Ort und Impuls quantenmechanischer Teilchen bis heute nicht gleichzeitig exakt bestimmt
werden können, verallgemeinert Dürr eine prinzipielle Unbe-
stimmbarkeit der Natur:

*»Es gibt nichts, was durchgängig bewiesen werden kann,
nichts Greifbares, sondern alles mündet am Ende in unmit-
telbarem Erleben, das ich durch Identifizierung als Bewegung
meines Selbst als wahr erlebe ... Es gibt kein Wissen, aber auch
kein Unwissen. Allenfalls Weisheit«.*[36]

Das ist purer **Agnostizismus**. Da es nach Dürr weder Wissen noch Unwissen gibt, ist es legitim, dass sich jeder nach
Gutdünken seine Ansichten über die Wirklichkeit zusammen-
reimt. Wozu noch Wissenschaft betreiben, die Wirklichkeit erforschen und deren Gesetzmäßigkeiten verallgemeinern, wenn
sich jeder, der sich dazu berufen fühlt, willkürlich und ohne
Sinn und Verstand jeden erdenklichen Mist ausdenken, in die
Welt hinausposaunen und als Wissenschaft ausgeben kann?

Die bürgerliche Wissenschaft hat heute mit einer mystischen,
halbreligiösen Denkweise eine absurde Vielfalt hervorgebracht.
So vertritt der renommierte Astrophysiker und Harvard-
Professor Avi Loeb via Onlinevideos und Fernsehen absurde
Thesen über »Alien-Schrott« auf der Erde oder herumgeis-

---

[36] ebenda, S. 161

ternde UFOs, die er nur notdürftig wissenschaftlich verbrämt. Auch die Häufung populärwissenschaftlich aufgehübschter mystischer Sendungen gehört zur Krise der bürgerlichen Ideologie!

Es gibt allerdings erfreulicherweise auch Physiker, die diesen pseudowissenschaftlichen Hokuspokus kritisieren. So entwickelten **Louis Victor de Broglie** und **David Bohm** eine materialistische Deutung der Quantenphysik.[37] Sie zeigten, dass die Quanteneffekte aus einer Wechselwirkung der Teilchen mit den sie umgebenden, noch feineren Formen der Materie hervorgehen, noch kleiner als die bisher angenommenen kleinsten Teilchen. Bohm ging von der Unendlichkeit der Natur aus, womit er sich der materialistischen Betrachtung über die Einheit von diskontinuierlicher und kontinuierlicher Materie in der universellen Wirklichkeit näherte.

Wie die bürgerliche Physik mit solch kritischen Geistern umgeht, berichtet **Ward Struyve**, Physiker an der Katholieke Universiteit Leuven:

»Dennoch zeigte sich ein großer Teil der Physiker gleichgültig oder sogar feindselig gegenüber der De-Broglie-Bohm-Theorie ... Die Aussagen von Robert Oppenheimer, Bohms ehemaligem Doktorvater, verdeutlichen das: ›Wir halten dies für jugendlichen Deviationismus[38]‹ und ›wenn wir Bohm nicht widerlegen können, dann müssen wir zustimmen, ihn zu ignorieren‹.«[39]

Das ist typisch: Wenn sich etwas nicht widerlegen lässt, es aber der vorgefassten idealistischen Auffassung widerspricht, wird es totgeschwiegen. Diese Methode ist der Gipfel der Un-

---

[37] ausführlicher in: Christian Jooß, »Selbstorganisation der Materie«, S. 118–122

[38] Abweichung von einer weltanschaulichen Grundlinie

[39] Ward Struyve, »Eine klassische Quantenwelt«, Spektrum der Wissenschaft 10.20

wissenschaftlichkeit und das traurige Resultat des Vordringens von Positivismus und Pragmatismus in der Physik.

Der dialektisch-materialistische Maßstab an moderne Wissenschaftlichkeit ist nicht nur die in sich geschlossene, in sich
stimmige theoretische Grundlage, sondern auch die dialektische Einheit von Theorie und Praxis, die allseitig vom Standpunkt des Fortschritts der Menschheit organisiert werden
muss. Das erfordert letztlich eine internationale Kooperation
sozialistischer Staaten, in denen die Arbeiterklasse die Macht
ausübt, eng mit den kleinbürgerlichen Zwischenschichten
verbunden ist und in denen sowohl die Produktivkräfte als
auch der Wissenschaftsbetrieb von ihrem Warencharakter
befreit sind.

3. Die Astrophysik zwischen Wissenschaft und Schöpfungsmythos

Die Erforschung des Weltalls

Schon im Altertum beobachteten Seefahrer den Sternen-
himmel zur Hilfe bei der Navigation. Den Ackerbauern half
er in der jahreszeitlichen Orientierung. Die **Astrophysik** ist
ein wichtiger Bestandteil der **Astronomie**, der Wissenschaft
der Gestirne.[40]

*»Die Astrophysik hat zum Ziel, unser Universum und die
darin enthaltenen Galaxien, Sterne und Planeten mittels phy-
sikalischer Methoden zu untersuchen, sowie ihren Ursprung
und ihre Entwicklung zu verstehen.«*[41]

---

[40] Astronomie bezeichnet das Studium des Weltraums, einschließlich der Planeten, Sterne und Galaxien. Astrophysik bezeichnet das Studium der physikalischen Eigenschaften von Objekten im Weltraum.

[41] »Astronomie und Astrophysik, Kosmologie«, physik.lmu.de 2. 9. 2022

Heute wären ohne den enormen Erkenntnisfortschritt in der Astronomie moderne Kommunikation, Meteorologie oder Kriegsführung mit Weltraumsatelliten undenkbar.

Kaum ein Forschungsbereich war allerdings von Beginn an so eng mit dem **Wettstreit der weltanschaulichen Deutungen** verwoben wie der Blick in die unendlichen Weiten des Weltalls. Die Erforschung des Weltraums stieß vor allem in ihrer Anfangszeit auf hohe gesellschaftliche Hürden: Die katholische Kirche etwa akzeptierte nur die in der Bibel dargelegte Schöpfungsgeschichte in sechs Tagen als welterschaffend. Nach dem Islam hat Allah – ebenfalls unumstößlich – Himmel und Erde in sechs Tagen erschaffen.

Als die moderne Astronomie mit **Nikolaus Kopernikus** (1473–1543), **Johannes Kepler** (1571–1630) und **Galileo Galilei** (1564–1642) begann, unterdrückte die katholische Kirche sie mit äußerster Brutalität. **Giordano Bruno** (1548–1600) hatte schon im 16. Jahrhundert die Sonne ins Zentrum des hiesigen Planetensystems gesetzt und auch bahnbrechend erkannt, dass unsere Sonne nur einer unter den unzähligen Sternen ist. Er wurde dafür im Jahr 1600 in Rom wegen »Ketzerei« bei lebendigem Leib auf dem Scheiterhaufen verbrannt. 1633 verurteilte die Inquisition Galileo Galilei für den wissenschaftlichen Beweis, dass die Erde und andere Planeten um die Sonne kreisen. Es dauerte bis 1992, 350 Jahre nach Galileis Tod, dass der Vatikan sein schändliches Fehlurteil zugab. Bis dahin galt sein Dogma, dass die Erde statisch im Mittelpunkt der Welt stehe.

Trotz des klerikalen Terrors setzten sich die neuen Erkenntnisse der Astronomie gegen das feudale Weltbild durch. Sie verhalfen der bürgerlichen Revolution zum Sieg und der bürgerlichen Ideologie zum Durchbruch.

Einsteins Relativitätstheorie

Mit der allgemeinen Relativitätstheorie deckte **Albert Einstein** (1879–1955) die dialektische Einheit der Gesetze von mechanischer Bewegung und Schwerkraft auf und entwickelte sie weiter. Das war ein großer Fortschritt. So konnte er die bisher unerklärliche Umlaufbahn des der Sonne nächsten Planeten Merkur richtig vorhersagen. Er beschrieb die Schwerkraft in ihrer universellen Wirkung auf materielle Vorgänge im Weltall, erklärte Ablenkung oder Frequenzänderung des Lichts. Die Ablenkung von Lichtstrahlen entfernter Objekte durch die Schwerkraft der Sonne konnte dann bei einer Sonnenfinsternis bewiesen werden. Das bestätigte wiederum die Deutung des Lichts als materielle Bewegung.

Zugleich entwickelte Einstein jedoch die falsche These, Raum und Zeit seien nur relative, erdachte Größen. Diese Annahme war eine idealistische Deutung der richtigen Erkenntnis, dass konkrete Bewegungen nur im Verhältnis zu einem bekannten Bezugssystem gemessen werden können. So können wir exakt bestimmen, wie lange es dauert, bis wir den Donner eines 1 000 Meter entfernten Gewitters hören. Dies aber nur, weil zuvor definiert wurde, wie lang ein Meter ist und wie lange eine Sekunde dauert. Zeit und Raum sind nicht relativ. Wenn man bei Gegenwind langsamer vorankommt, käme man auch nicht auf die Idee, die Zeit würde langsamer vergehen. Der absolute Raum und die absolute Zeit als Gesamtheit der sich bewegenden Materie sind von unendlicher Ausdehnung und von unbegrenzter Dauer, die sich beide nicht messen lassen.

Albert Einstein war zeitlebens ein Freund des Sozialismus. Gerade deshalb hat seine Relativierung der Objektivität von Raum und Zeit dem Idealismus im Kampf gegen den Materialismus eine gewisse Glaubwürdigkeit und Autorität verliehen und so dem wissenschaftlichen Sozialismus geschadet.

Einstein geriet aufgrund der idealistischen Deutung verschiedener Erkenntnisse der Physik in Widerspruch zur materialistischen Erkenntnistheorie. Mit dem »leeren Raum« als Träger des Lichts führte er die These der »Bewegung ohne Materie« ein. Das war ein weltanschaulicher Rückschritt. Denn die Anerkennung eines absoluten Raums und einer absoluten Zeit, worin sich die universelle Materie bewegt, gehört zu den unverrückbaren Grundlagen der materialistischen Naturphilosophie und der modernen Naturwissenschaften.

Es ist für den von der bürgerlichen Ideologie beherrschten Kapitalismus bezeichnend, dass in der Öffentlichkeit die dialektisch-materialistischen Erkenntnisse Einsteins weniger Bekanntheit erlangten als seine idealistischen Irrtümer. So ist die Feststellung »alles ist relativ« als scheinbar treffende Alltagsweisheit populär. Sie stellt aber die materialistische Annahme infrage, dass eine immer allseitigere Erkenntnis der objektiven Wirklichkeit und ihre Veränderung möglich und notwendig sind.

Kritik an der Theorie des Urknalls

Angelehnt an Einsteins These der »Relativität von Raum und Zeit« formulierte der Jesuit **Georges Lemaître** 1927 das Modell der Explosion des Universums aus einem »Ur-Atom«. Das blieb nicht ohne Widerspruch. Eine Vielfalt neuer materialistischer Erkenntnisse über die Entwicklung des Kosmos stellte die Urknalltheorie infrage. Doch statt diese zu verwerfen, biegen die tonangebenden Wissenschaftler sie lediglich immer wieder zurecht mit dem Ziel, um jeden Preis das **Dogma der fantastischen Schöpfungsgeschichte vom Urknall** aufrechtzuerhalten.

Jeden materialistisch denkenden Wissenschaftler müsste dabei schon stutzig machen, dass die katholische Kirche mit Papst Pius XII. bereits 1951 die Urknalltheorie als Gottesbeweis anerkannte. So wurde über die Astronomie die Physik wieder mit der Religion versöhnt und der Kampf für ein vom Götterglauben befreites wissenschaftliches Weltbild aus der bürgerlichen Naturwissenschaft heraus untergraben.

Bereits 1940 widerlegte Willi Dickhut treffend die Urknallthese eines ihrer Apologeten, des Physikers und Anhängers des Faschismus **Pascual Jordan**:

»Zusammengefaßt läßt Jordan die Welt entstehen wie es die Schöpfungsgeschichte der Bibel macht – aus dem Nichts, nur noch weit unmöglicher und phantastischer. … Mit dem Urknall würde nicht nur die Materie aus dem Nichts geschaffen, es wäre auch der Anfang der Zeit, und mit der Ausdehnung der Materie entstände der Raum. Wo ein Anfang ist, müßte auch ein Ende sein.«[42]

Die heute gängige Version der **Theorie des Urknalls** (Big Bang) besagt, dass das Universum mitsamt Raum und Zeit vor 13,8 Milliarden Jahren aus einem winzigen Punkt entstanden wäre und sich seitdem ausbreite. Die jeweils aktuell gehandelten Versionen der Urknalltheorie folgen dabei stets lediglich der jeweils aktuellen Reichweite der astronomischen Teleskope. Durch jede Weiterentwicklung von deren Leistungsfähigkeit büßen die bisherigen Varianten der Urknalltheorie an Glaubwürdigkeit ein, aber sie werden sodann eilfertig modifiziert.

Mit der Veröffentlichung erster Bilder des Webb Space Teleskops 2022 wurden bis zu zehnmal mehr Spiralgalaxien gefunden als von der Urknalltheorie angenommen.[43] Diese Galaxien wären nach der Urknalltheorie in einer undenkbar kurzen Zeit von nur einigen 100 Millionen Jahren nach der angeblichen Entstehung des Universums entstanden. Doch

---

[42] Willi Dickhut, »Die dialektische Einheit von Theorie und Praxis«, S. 18

[43] Leonardo Ferreira et al., »Panic! At the Disks.«, arXiv:2207.09428

sie weisen Sternpopulationen auf, die mehr als eine Milliarde Jahre alt sind.[44] Demnach wären sie also schon früher als das Universum vorhanden gewesen? Der Schöpfungsmythos gerät immer mehr in Erklärungsnotstand!

Stephen Hawking, der als Superstar der Physik geadelte Wissenschaftler, behauptet:

»Roger Penrose und mir gelang es, geometrische Theoreme zu beweisen, die zeigen, dass das Universum einen Anfang gehabt haben muss«.[45]

Am Anfang schuf Gott Himmel und Erde, lehrt schon die christliche Bibel ihre Gläubigen. Weil die Schöpfungsgeschichten der Bibel oder des Korans immer weniger überzeugen, hat Hawking den Weltanfang nun mathematisch »bewiesen«.

Hawking und Penrose setzten 1970 für ihren vermeintlichen Beweis unter anderem voraus, dass das Weltall endlich sei und dass es keine Naturkraft gäbe, die der Gravitation großer Massen widerstehen könne.[46] Ihre Beweisführung beruht also auf nichts anderem als der fantastischen Annahme einer endlichen Natur.

Als »unerschütterlicher Beweis« der Urknalltheorie wurde immer wieder die von **Edwin Hubble** 1929 festgestellte **Rotverschiebung des Lichts** von Galaxien und Sternen angeführt. Die Farben des Lichts sind Ausdruck seiner Energie. Das sichtbare Spektrum verläuft von hochenergetischem kurzwelligem Licht (violett) zu niederenergetischem langwelligem Licht (rot). Eine **Verschiebung der Farbe des Sternenlichts ins Rote** wurde in Hubbles Erklärungsmuster jedoch **vorschnell als Fluchtbewegung der Galaxien**

---

[44] Eric Lerner, »The Big Bang didn't happen«, iai.tv

[45] Stephen Hawking, »Kurze Antworten auf große Fragen«, S. 74

[46] Stephen Hawking, Roger Penrose, »The singularities of gravitational collapse and cosmology«, Proc. Roy. Soc. Lond. A. 314, S. 529–548

gedeutet. Allerdings mahnte Hubble selbst zur Vorsicht und war offen für andere Erklärungen.

So gibt es heute **immer mehr Forschungsergebnisse zur materialistischen Erklärung der Rotverschiebung**: Die Entwicklungsprozesse von Galaxien können zu einer Rotverschiebung junger Objekte führen. Eine Rotverschiebung erfolgt auch durch die Schwerkraft, die auf das Licht wirkt, was Einstein als Gravitations-Rotverschiebung beschrieben hatte.

Die Physiker **Potter** und **Preston** gingen im Jahr 2006 davon aus, dass es neben der anziehenden Gravitationskraft auch abstoßende Kräfte gibt. Auch auf diese könnte die Rotverschiebung zurückgeführt werden. Dazu griffen sie die bereits in den 1940er-Jahren geübte Kritik der sowjetischen Physiker **Landau** und **Lifshitz** an der Relativitätstheorie Einsteins auf. Sie schlugen eine Erweiterung vor, die das Gesetz der Energieerhaltung[47] berücksichtigt.

Halton Christian Arp[48], einer der bedeutendsten Astronomen unserer Zeit, war zeitlebens erbitterter Gegner der Urknalltheorie. Er legte in seinem Vortrag bei der Offenen Akademie[49] 2008 eine weitere materialistische Widerlegung dar:

»Die Theorie des expandierenden Urknall-Universums wird also widerlegt, wenn Objekte in derselben Entfernung große Unterschiede in ihrer Rotverschiebung ... zeigen. Überraschenderweise aber finden sich bei vielen Galaxien und Quasaren[50]*, die sich in der gleichen Entfernung befinden, erhebliche Dis-*

---

[47] Energie kann weder erzeugt noch zerstört, sondern allein von einer Form in eine andere umgewandelt werden.

[48] Halton Christian Arp (1927–2013), zahlreiche Galaxien sind nach ihm benannt.

[49] Forum für kritische und fortschrittliche Wissenschaft und Kultur im Dienste der breiten Bevölkerung und der arbeitenden Menschen

[50] Quasar: aktiver Kern einer Galaxie, der besonders hell strahlt

krepanzen in ihren Rotverschiebungen. Diese Verletzung der Beziehung ›gleiche Rotverschiebung = gleiche Entfernung‹ widerlegt nicht nur den Urknall, darüber hinaus zeigt sie, welche Zusammenhänge zwischen Galaxien und Quasaren bestehen, und wie sie sich mit der Zeit entwickeln und verändern.«[51]

Die Struktur des Weltalls ist heute bis in große Entfernungen erforscht. Sterne, Planeten-/Sonnensysteme, Gasnebel und Staubwolken vereinigen sich zu Galaxien. Galaxien vereinigen sich zu Galaxienhaufen. Die Galaxienhaufen bilden wiederum Strukturen aus »großen Mauern« oder zu Fäden aneinandergereihten Galaxienhaufen, dazwischen sind gigantische »Leerräume«, für die es noch keine plausible Erklärung gibt. Von der entferntesten heute bekannten Einzelgalaxie war das Licht 13,4 Milliarden Jahre zu uns unterwegs. Selbst nach der Theorie vom Urknall vor angeblich 13,8 Milliarden Jahren dürfte es sie eigentlich gar nicht geben. Denn in nur 400 Millionen Jahren kann sich die komplexe Struktur dieser Galaxis unmöglich herausgebildet haben: Im Vergleich benötigt schon ein einziger Umlauf unserer Sonne um das Zentrum unserer Galaxie 225 Millionen Jahre.

Auch der Physik-Nobelpreisträger **George Smoot** fragt nach dem Auslöser, dem Ursprung des Urknalls:

»Die Frage wäre nur, ist ein Gott dafür zuständig? ... Es läuft doch alles darauf hinaus: Irgendwer oder irgendetwas musste die Ausgangsbedingungen ja ermöglicht und das Experiment in Gang gebracht haben, oder nicht?«[52]

Eine wissenschaftliche Antwort auf diese Frage wird es nicht geben. Alle Versuche der Erklärung eines Urknalls führen zurück zu einer geheimnisvollen, außerhalb der Natur stehenden

---

[51] Halton Christian Arp, »Der Kampf um ein wissenschaftliches Verständnis des Kosmos«, in: Offene Akademie 2008, Dokumentation, S. 44/45

[52] Harald Zaun, Interview mit George Smoot, spiegel.de 18.3.2007

Macht. Ob es nun ein Gott ist oder mystische Anfangsbedingungen, die jemand erfunden hat, damit der Urknall in Gang kommt, läuft auf dasselbe hinaus.

In Wirklichkeit gibt es weder Anfang noch Ende des Kosmos, keinen Raum außerhalb und keine Zeit vor dem Universum. Sondern es gibt Veränderungen, Entwicklungen, qualitative Sprünge, Werden und Vergehen der konkreten Materiesysteme, die einen Gesamtprozess der Entwicklung bilden. Materie und Bewegung können nicht aus dem Nichts entstehen und auch nicht verschwinden.

Übernahme der Urknalltheorie durch die modernen Revisionisten

In der sozialistischen Sowjetunion unter Führung Stalins wurde die Auffassung vom Urknall noch prinzipiell abgelehnt, da sie dem dialektischen Materialismus widerspricht. Doch 1958 fand in Moskau eine **Allunionskonferenz** zu philosophischen Problemen der Naturwissenschaften statt. Dort schloss man sich der Urknalltheorie an und übernahm damit auch das idealistische Weltbild der bürgerlichen Ideologie. Das war bezeichnenderweise zwei Jahre nach dem XX. Parteitag der KPdSU, auf dem die neue Bourgeoisie mit ihrer Machtübernahme die Restauration des Kapitalismus in der Sowjetunion mit der Revision des Marxismus-Leninismus als Grundlage einleitete.

Nach Kritik an der idealistischen Schöpfungsgeschichte ausgehend vom dialektischen Materialismus[53] und durch Überprüfung an den Beobachtungen der Astronomie[54] sah sich der

---

[53] Willi Dickhut, »Materialistische Dialektik und bürgerliche Naturwissenschaft«

[54] Josef Lutz, »Ratlos vor der Großen Mauer – Das Scheitern der Urknalltheorie«

damalige DKP-Theoretiker **Robert Steigerwald** bemüßigt, den Urknall in der Zeitschrift »Freidenker« auf eigenartige Weise zu verteidigen. Zuerst gab er sich kritisch: *»Ich bestreite, daß der ›big Bang‹ der Weltanfang war.«*[55] Aber, gab Steigerwald dann zu bedenken:

»Es sollte einem dialektischen Materialisten möglich sein, anzuerkennen, daß es nicht nur eine objektive Realität gibt, die sich entwickelt, sondern daß dabei qualitative Sprünge auftreten. Warum soll es in diesem Prozeß nicht einen solchen Qualitätsumschlag von Expansion des uns bekannten Bereichs des Weltalls zu Kontraktion (und umgekehrt) geben? ... Es gibt gegen die ›big Bang‹-Hypothese derzeit keine ernsthafte Gegenhypothese.«[56]

Mit der Hypothese von verschiedenen »*objektiven Realitäten*« begibt sich Steigerwald auf das Glatteis des bürgerlichen Idealismus. Wohl kann es unterschiedliche, auch sich widersprechende Erscheinungen in der Wirklichkeit geben, die aber als Kampf und Einheit der Gegensätze in der objektiven Realität wirken.

Mit der Verwendung dialektisch-materialistischer Begriffe wie »qualitativer Sprung« oder »Umschlag von Quantität in Qualität« versucht Steigerwald, sein Renommee als marxistischer Cheftheoretiker zu pflegen. Doch aufgrund seines Opportunismus gegenüber den modernen Revisionisten in der bürokratisch-kapitalistischen Sowjetunion folgt er dem Bild des »oszillierenden Universums«. Die Theorie des oszillierenden Universums geht davon aus, dass

»die Expansion des Universums in ferner Zukunft zum Stillstand (kommt) und ... sich in eine Implosion um(kehrt). Die

---

[55] Robert Steigerwald, »Ist der ›Urknall‹ der Anfang der Welt?«, Freidenker Nr. 4, 1992, S. 142

[56] ebenda

*Implosion endet in einem neuen Urknall und einer nachfolgen-
den neuen Expansion.«*[57]

Das ist ebenso fantastisch wie die Urknalltheorie und letztlich lediglich eine ihrer absurdesten Varianten.

Nach dieser Vorstellung würden Galaxien wie ein Jo-Jo
von ihrem Ausgangspunkt weggeschleudert und wieder zu
ihm zurückgezogen. Eine solche mechanische Bewegung und
Wiederholung hat aber nichts mit Dialektik zu tun. Vor allem
drängt sich die Frage auf, wer oder was denn diese unbändige
Abstoßung und Anziehung verursachen sollte, wenn nicht ein
göttlicher Jo-Jo-Spieler? Steigerwalds qualitativer Sprung
wird zur mystischen Luftnummer, bei der Raum, Zeit und
Urknall entstehen und verschwinden.

Der vermeintlich marxistisch-leninistische Cheftheoretiker
der DKP, Robert Steigerwald, erweist sich mit seiner Verwischung von Materialismus und Idealismus letztlich als
willfähriger Nachbeter und Verteidiger der idealistischen
Urknalltheorie.

Ideologiefreie Physik?

Steigerwald rechtfertigt seine abstrusen Ansichten mit der
These, dass weltanschauliche Orientierung nicht in wissenschaftliche Forschung einzugehen habe:

»Der Fall Lyssenko[58] *sollte uns doch gelehrt haben, daß es
nicht angeht, sich in der Entscheidung wissenschaftlicher For-
schungsarbeit einfach auf weltanschauliche Orientierungen zu
berufen.«*[59]

---

[57] Lexikon der Physik, »oszillierendes Weltall«, spektrum.de 24.7.2022

[58] Trofim Denissowitsch Lyssenko war Biologe und in der sozialistischen Sowjetunion Präsident der Lenin-Akademie für Landwirtschaft.

[59] Robert Steigerwald, »Ist der ›Urknall‹ der Anfang der Welt?«, Freidenker
Nr. 4, 1992, S. 142

Der Fehler von Lyssenko war aber nicht, dass allgemein eine *»weltanschauliche Orientierung«* in seine Forschung Eingang fand, sondern dass er eine dogmatische Tendenz zur Verneinung neuer Erkenntnisse wie zur Genetik vertrat. Er verwarf die neue Vererbungslehre der Genetik pauschal als »reaktionäre Theorie«, wurde so neben Erfolgen auch für Fehlentwicklungen in der Pflanzenzucht verantwortlich.

Auch Stephen Hawking vertrat die Fata Morgana einer Physik ohne Weltanschauung:

»Die Philosophie ist tot. ... Jetzt sind es die Naturwissenschaftler, die mit ihren Entdeckungen die Suche nach Erkenntnis voranbringen.«[60]

Über solche Ansichten spottete Friedrich Engels schon vor 150 Jahren treffend:

»Die Naturforscher glauben sich von der Philosophie zu befreien, indem sie sie ignorieren oder über sie schimpfen. Da sie aber ohne Denken nicht vorankommen und zum Denken Denkbestimmungen nötig haben, ... stehn sie nicht minder in der Knechtschaft der Philosophie, meist aber leider der schlechtesten, und die, die am meisten auf die Philosophie schimpfen, sind Sklaven grade der schlechtesten vulgarisierten Reste der schlechtesten Philosophien.«[61]

In Wahrheit gibt es keine ideologiefreie Forschung und Deutung ihrer Ergebnisse.

---

[60] Stephen Hawking, Leonard Mlodinow, »Der große Entwurf – Eine neue Erklärung des Universums«, S. II

[61] Friedrich Engels, »Dialektik der Natur«, Marx/Engels, Werke, Bd. 20, S. 480

Verbreiteter Idealismus in der Astrophysik als Quelle wirklichkeitsfremder Illusionen

Zur Aufrechterhaltung der Urknalltheorie führten Astrophysiker willkürliche Begriffe wie »**dunkle Materie**« und »**dunkle Energie**« ein, die angeblich 99 Prozent des Kosmos ausmachen sollen, aber »unbeobachtbar« wären.

Die mystische Theorie über die Existenz schwarzer Löcher behauptet, dass in ihnen

»die Zeit gedehnt (wird), *bis sie schließlich zum Stillstand kommt. In einem Schwarzen Loch haben Raum und Zeit keine Bedeutung mehr, die bekannten Naturgesetze werden völlig außer Kraft gesetzt.«*[62]

Die Zeit anhalten und die Naturgesetze außer Kraft setzen? So weit hat es also die bürgerliche Naturwissenschaft gebracht: Selbst mittels modernster Satellitentechnik, Lichtjahre weit reichender Radioteleskope und ultraschnell rechnender Supercomputer fällt sie auf der Basis des Idealismus auf kindischen Geister- und Götterglauben zurück!

Geleitet von ihren idealistischen Annahmen eines »leeren Raums« nehmen manche Experten rein mathematische Berechnungen auf der Grundlage der Relativitätstheorie für bare Münze. Das widerspricht grundsätzlich der materialistischen Auffassung, dass die objektive Wirklichkeit materiell ist.

Das Foto eines vermuteten »schwarzen Lochs« in riesiger Entfernung mit dem schönen Namen GNz7q, aufgenommen mithilfe des Weltraumteleskops Hubble, ist ein weiterer Beleg für die Unhaltbarkeit der Urknalltheorie. So warf der Autor **Rainer Kayser** die berechtigte Frage auf:

---

[62] »Das wissen wir über schwarze Löcher«, quarks.de 10. 4. 2019

»Das Schwarze Loch existierte bereits 750 Millionen Jahre nach dem Urknall ... Wie aber konnten Objekte mit so großer Masse so schnell entstehen?«[63]

Nach der Urknalltheorie wäre das behauptete »schwarze Loch« undenkbar. Das große »schwarze Loch« in unserer bisherigen Kenntnis über das Weltall sollte eher Ansporn sein, unvoreingenommen zu forschen; stattdessen erzeugt die moderne Astrophysik damit selbst einen unendlichen Raum für Esoterik und Mystik. »Zeitreisen«, in denen Menschen ihre eigene Vergangenheit manipulieren, oder »Paralleluniversen«, in die Menschen durch »Wurmlöcher« reisen und aus denen Geisterwelten auf uns wirken, sind in populären Wissenschaftssendungen, Science-Fiction-Filmen und Comics allgegenwärtig. Damit wird die moderne Physik, die einst dazu beitrug, den religiösen Idealismus aus den Köpfen der Menschen zu vertreiben, selbst zur Quelle wirklichkeitsfremder Illusionen.

Unterdrückung der Kritik an der Urknalltheorie

Einst galt für die katholische Kirche das Dogma von der Erde als Zentrum des Weltalls als unumstößlich. Heute ist die Urknalltheorie die heilige Kuh der bürgerlichen Naturwissenschaft, über die noch nicht einmal mehr diskutiert werden darf.

Die Ursache für das Festhalten an der Urknalltheorie ist nicht allein gekränkte Eitelkeit, einen Irrtum nicht zugeben zu wollen. Die Hauptursache liegt in der gesellschaftlich dominierenden Weltanschauung des Idealismus. Die **Krise der Astrophysik** besteht gerade in dem Zwang, auch erwiesene Grundannahmen der Wissenschaft zu verwerfen und durch

---

[63] Rainer Kayser, »Schwarzes Loch aus der Frühzeit«, Frankfurter Rundschau, 11.5.2022

idealistische Konstrukte bis zu religiösen Schöpfungsgeschichten zu ersetzen.

Das Universum aber, das in Raum und Zeit sowie auch in
seiner konkreten Vielfalt unendlich und unerschöpflich ist,
kann nicht als Gesamtes »vermessen« und »mathematisch be-
rechnet« werden. Nur Endlichkeiten lassen sich messen! Die
Suche nach einer **Weltformel** ist eine idealistische Sackgasse
und weltanschaulicher Gegenpol zur dialektisch-materialistischen Entwicklungstheorie der materiellen Welt.

Wer sich dem widersetzt, erfährt Gegenwind bis zu massiver
Verleumdung und Einschüchterung. 2004 erschien der »Offene Brief an die Wissenschaftsgemeinde«. Er wurde von Halton
Arp mitinitiiert und von 287 Wissenschaftlern weltweit unter-
zeichnet. Darin heißt es:

*»In der Kosmologie werden heute Zweifel und abweichende
Auffassungen nicht geduldet. Junge Wissenschaftler lernen,
dass sie ihren Mund halten müssen, wenn sie etwas Negatives
zur Urknall-Theorie sagen wollen. Die, die zweifeln, haben
Angst, das zu äußern, fürchten, das wird sie ihre Forschungs-
mittel kosten ...«*[64]

Das dialektisch-materialistische Bild der sich ewig bewegenden Materie wird bekämpft, weil es die realistische Botschaft
verbreitet: Nichts bleibt, wie es ist – und nichts muss bleiben,
wie es ist. Der dialektische Materialismus vertritt: Ausbeutung und Unterdrückung des Menschen durch den Menschen
können abgeschafft und das imperialistische Weltsystem kann
überwunden und durch eine sozialistische Gesellschaft ohne
Ausbeutung und Unterdrückung in Einheit von Mensch und
Natur ersetzt werden. Was heute noch unbekannt und rätsel-
haft ist, kann morgen ergründet werden. Naturgesetze können

---

[64] zitiert nach: Josef Lutz, Christian Jooß, »Die Theorie vom Urknall in der
Krise – welche Alternativen gibt es?«, in: Offene Akademie 2005, Dokumentation, S. 59

nicht außer Kraft gesetzt werden, aber die menschliche Gesellschaft kann sich – auf Basis des unendlichen Fortschritts der Erkenntnis und Nutzung dieser Gesetze durch die dialektisch-materialistische Methode – weiterentwickeln. Wie sagte doch Albert Einstein richtig:

»Probleme kann man niemals mit derselben Denkweise lösen, durch die sie entstanden sind.«[65]

4. Die Biologie als »Wissenschaft vom Leben« in der Krise

Von der modernen Wissenschaft zur Krise der Biologie

Die Biologie ist die Wissenschaft von der belebten Materie und ihren Bewegungsgesetzen. Sie hat seit dem 19. Jahrhundert eine enorme Explosion des Wissens erfahren. Der **Einzug der Dialektik** verhalf der Biologie zum Sprung zu einer **modernen Wissenschaft** mit in sich geschlossener theoretischer Grundlage.

Auf der Suche nach der Einheit alles Lebendigen entdeckten **Theodor Schwann** und **Matthias J. Schleiden** 1839 die Zellen der Pflanzen und Tiere. Sie erwiesen sich als grundlegende Organisationsform alles Lebendigen,

»aus deren Vervielfältigung und Differenzierung alle Organismen mit Ausnahme der niedrigsten entstehen und herauswachsen. Erst mit dieser Entdeckung erhielt die Untersuchung der organischen, lebendigen Naturprodukte ... einen festen Boden.«[66]

---

[65] »Albert Einstein: Seine schönsten Zitate«, geo.de 3.9.2022

[66] Friedrich Engels, »Dialektik der Natur«, Marx/Engels, Werke, Bd. 20, S. 468

Gregor Mendel entdeckte 1865 grundlegende Gesetzmäßigkeiten der Vererbung. **Charles Darwin** stellte 1859 die
Theorie von der Entwicklung der Arten auf. Die Evolutionstheorie von Charles Darwin war ein revolutionärer Fortschritt
naturwissenschaftlicher Erkenntnis. Für Friedrich Engels
gehörte Darwins Evolutionstheorie zu den wissenschaftlichen
Entdeckungen *»von entscheidender Wichtigkeit«*. Durch sie
verwandelte sich die empirische, in viele Einzelbereiche aufge-
teilte Naturwissenschaft in ein *»System der materialistischen
Naturerkenntnis«*.[67] Die Biologie erhielt eine neue, höhere und
reichere Grundlage.

Darwin entdeckte die Variabilität, die bewegliche Veränderung der Lebewesen in Wechselwirkung mit der natürlichen
Umwelt. In starrem Gegensatz zu dieser Variabilität erhob
die bürgerliche Wissenschaft die Konstanz zum Dogma,
denn die bürgerliche Ideologie strebt nach Bewahrung des
Bestehenden.

Die Forschung streitbarer dialektischer Materialisten kam
über Jahrzehnte vor allem aus den damals sozialistischen
Ländern. Sie konzentrierte sich auf die Untersuchung der
Variabilität, missachtete jedoch tendenziell die Konstanz der
Entwicklungen in der Biologie. **Variabilität und Konstanz**
bilden jedoch **Kampf und Einheit der Gegensätze bei der
Entwicklung des Lebens**. Fortschritte in der dialektischen
Behandlung der Erkenntnisse wurden zu Schrittmachern der
Biologie auf dem Weg zu einer modernen Naturwissenschaft.

Die Biologie hat zweifellos auch in den letzten Jahrzehnten
in großem Umfang neue materialistische Einzelerkenntnisse
hervorgebracht, vor allem auf den Gebieten der Genetik, Molekularbiologie, Biochemie, Immunbiologie und Anthropolo-
gie. Die schlüssige Erforschung des Gesamtzusammenhangs

---

[67] ebenda, S. 467

wurde jedoch nicht vollendet, da idealistische und metaphysische Deutungen der Fortschritte vordrangen. So konnte sich die theoretische Grundlage der Biologie nicht fortentwickeln, vielmehr entstand und vertiefte sich eine Krise der Biologie.

Die Definition des Lebens

Die bürgerliche Biologie hat es bis heute nicht geschafft, zu einer wirklich **wissenschaftlichen Definition des Lebens** zu kommen. Sie liefert hauptsächlich Beschreibungen, Aufzählungen oder Aneinanderreihungen von Eigenschaften und Merkmalen wie Stoffwechsel, Bewegung, Reizbarkeit, Wachstum oder Fortpflanzung. Eine der wenigen Ausnahmen von dieser üblichen positivistischen Methode ist der Nobelpreisträger **Manfred Eigen**, der sich mit seiner **Theorie des Hyperzyklus**[68] der dialektisch-materialistischen Definition des Lebens nähert.

Friedrich Engels war nicht nur einer der Begründer des wissenschaftlichen Sozialismus, er formulierte auf der Basis des wissenschaftlichen Erkenntnisstands seiner Zeit auch eine dialektisch-materialistische Definition des Lebens:

»Leben ist die Daseinsweise der Eiweißkörper, und diese Daseinsweise besteht wesentlich in der beständigen Selbsterneuerung der chemischen Bestandteile dieser Körper. ...

Überall, wo wir Leben vorfinden, finden wir es an einen Eiweißkörper gebunden, und überall, wo wir einen nicht in der Auflösung begriffenen Eiweißkörper vorfinden, da finden wir ausnahmslos auch Lebenserscheinungen.«[69]

Diese Definition war bahnbrechend, weil sie die verschiedensten Erkenntnisse über das Leben in einen Gesamtzusam-

---

[68] Hyperzyklus, in: Spektrum der Wissenschaft, Kompaktlexikon der Biologie, spektrum.de

[69] Friedrich Engels, »Anti-Dühring«, Marx/Engels, Werke, Bd. 20, S. 75/76

menhang stellte und **Leben als Selbstorganisation der
Eiweißkörper** erkannte. Ein göttlicher Schöpfer war in dieser Deutung überflüssig. Der vorherrschende Einfluss des
Idealismus verhinderte jedoch, dass sich die dialektisch-
materialistische Definition von Engels durchsetzte.

Bereits 1869 wurde in Zellkernen die Nukleinsäure DNA
entdeckt. Der Nachweis, dass sie Trägerin der Erbinforma-
tion ist, gelang **Oswald Theodore Avery** 1944. Im Jahr 1953
entdeckten **James D. Watson** und **Francis Crick** die Dop-
pelhelix-Struktur der DNA. 1961 wurde der universelle, das
heißt bis auf wenige Ausnahmen gültige **genetische Code**
entschlüsselt: Eine Kombination von drei aufeinanderfolgenden Basen (Bausteine von DNA oder RNA) entspricht jeweils
einer von 20 Aminosäuren (Bausteine der Proteine). Deshalb
muss man Engels' Definition heute um die Erkenntnisse der
modernen Genetik erweitern:

> *Leben ist die Daseinsweise der Eiweiße (Proteine) und
> ihrer beständigen Selbsterneuerung im dialektischen
> Wechselspiel mit der Entwicklung der Nukleinsäuren
> (DNA und RNA)!*

Es gibt in der organischen Welt keine Eiweiße ohne die
Erbsubstanz der Nukleinsäuren. Diese steuert den Auf- und
Abbau der Eiweiße, wie er sich im Stoffwechsel lebendiger
Organismen fortlaufend vollzieht. Zugleich wirken die Eiweiße
entsprechend den Lebensbedingungen auf die Erbsubstanz
zurück. Das ist die biochemische Grundlage für Mutation und
Neukombination der Gene oder ihrer Bestandteile. Bei sich
verändernden Lebensbedingungen führt das zur Veränderung
und Höherentwicklung der Organismen oder zu ihrer Degene-
ration. Das **Leben** existiert nur in diesem dynamischen und
fortschreitenden **Prozess von Werden und Vergehen**.

Darwins Entwicklungslehre und ihre ultrareaktionäre Missdeutung

Die Journalistin **Lena Ganschow** würdigt die epochemachenden Erkenntnisse Darwins in seinen drei Hauptthesen, die objektiv eine dialektische und materialistische Kritik am damaligen Weltbild enthielten:

»Darwins Evolutionstheorie revolutionierte nicht nur die Naturwissenschaften, sondern erschütterte auch das vorherrschende Weltbild.«[70]

Seine erste Hauptthese besagt, *»dass sich die Natur allmählich entwickelt hat«.*

In zwei weiteren Hauptthesen beschrieb Darwin die Art und Weise, wie sich diese Entwicklung vollzog:

»Erstens verändern sich die Arten ständig, und zweitens ist diese Veränderung ein Ergebnis der sogenannten natürlichen Auslese«.[71]

Das von Darwin formulierte **Entwicklungsprinzip** wird bis in die heutige Zeit hinein von ultrareaktionären Kräften heftig bekämpft oder gar unterdrückt. Fundamentalistische Kräfte wie die Kreationisten in den USA, die Evangelikalen in Brasilien oder auch islamistische Fundamentalisten setzen alles daran, sie aus dem Lehrplan der Schulen zu verbannen. Stattdessen verordnen sie, die christliche oder islamische Schöpfungsgeschichte in ihrem religiösen Dogmatismus buchstabengetreu zu lehren.

Andere Strömungen verfälschen Darwins bahnbrechende Erkenntnisse zur pseudowissenschaftlichen Rechtfertigung

---

[70] Lena Ganschow, »Hauptthesen der Evolutionstheorie«, planet-wissen.de 2.6.2020

[71] ebenda

ultrareaktionärer, rassistischer oder faschistischer **Auffassungen des** »**Sozialdarwinismus**«. Sie wenden Darwins These von der natürlichen Auslese unzulässig auf die menschliche Gesellschaft an und verfälschen den »Kampf ums Dasein« als ein – von Darwin nie vertretenes – »Recht des Stärkeren«.

»*Wir sind egoistisch geboren*«, behauptet zum Beispiel **Richard Dawkins**[72] in seinem Bestseller »Das egoistische Gen«:

»*Die These dieses Buches ist, daß wir und alle anderen Tiere Maschinen sind, die durch Gene geschaffen wurden. ... Aus den Mechanismen der Selektion scheint bei genauerem Hinsehen zu folgen, daß alles, was sich durch natürliche Auslese entwickelt hat, egoistisch sein muß.*«[73]

Die Behauptung Dawkins', die Menschen seien allein »*durch Gene geschaffen*«, ist aber purer Idealismus. Wie sollen Gene denn ihre Erbinformationen bekommen, weiterentwickeln und lebensfähig sein, wenn nicht aus dem dialektischen Wechselspiel mit den Proteinen?

Vor lauter Starren auf die »egoistischen Gene« übersieht Dawkins das **soziale Wesen des menschlichen Lebens**. Erst recht missachtet er, dass die Entstehung und Entwicklung menschlicher Gesellschaften grundlegend an eine gesellschaftliche Produktion und Reproduktion und eine darauf beruhende Ordnung gebunden sind.

Professor **Kurt Kotrschal**, ein österreichischer Verhaltensbiologe und Ökologe, vertritt einen biologistischen Standpunkt:

---

[72] Richard Dawkins, geb. 1941, Zoologe und 1995–2008 Professor des Lehrstuhls für Allgemeinverständliche Naturwissenschaft in Oxford/England

[73] Richard Dawkins, »Das egoistische Gen«, S. 37–39

»Weltsichten haben mit Persönlichkeitsstrukturen zu tun, deren Ausbildung evolutionären, biopsychologischen Regeln unterliegt.«[74]

Die bürgerliche Gesellschaft – ein Ergebnis bloß der biologischen Evolution? Demnach fußt sie nicht auf kapitalistischen Produktionsverhältnissen und einer bürgerlichen Staats- und Familienordnung, sondern wäre nun einmal naturgegeben und die Menschen müssten sie hinnehmen.

Kotrschal verfälscht die Menschheitsgeschichte, wenn er über seine Forschungen schreibt:

*»Das **biologische Weltbild ist ein Teil des neuen Pragmatismus auf der Welt**. Niemand glaubt heute ernsthaft daran, dass der perfekte Mensch entsteht und wir in 200 Jahren keine Kriege mehr führen.«*[75]

Sein biologistisch-pragmatisches Weltbild liefert – ob er das wahrhaben will oder nicht – eine willkommene Rechtfertigung für alle aufrüstenden oder Krieg führenden Regierungen, die angeblich vorbestimmt nach ihren angeborenen Anlagen handeln würden. Dabei umfasst die immerhin längste Zeitspanne in der menschlichen Geschichte die kommunistische Urgesellschaft, in der es keine Kriege gab!

Lenin fasste die Kritik von Karl Marx gegen derartige vulgärmaterialistische Betrachtungen zusammen:

*»Das Wesen der Kritik ... besteht bei Marx ... darin, daß **überhaupt** die Übertragung biologischer Begriffe auf das Gebiet der Gesellschaftswissenschaften eine **Phrase** ist.«*[76]

---

[74] Kurt Kotrschal, »Sind wir Menschen noch zu retten? Gefahren und Chancen unserer Natur«, S. 36

[75] Interview mit Kurt Kotrschal, Wiener Zeitung, 16./17. 11. 2013 – Hervorhebung Verf.

[76] Lenin, »Materialismus und Empiriokritizismus«, Werke, Bd. 14, S. 332

Jede menschliche Ordnung beruht darauf, dass der **einzelne Mensch in die Lebensgemeinschaft seiner Gesellschaft eingebunden** ist. Der einzelne Produzent ist Teil der
gesellschaftlichen Produktion. Kein Produkt entsteht ohne
gesellschaftliche Arbeitsteilung. Ginge es in einer Gesellschaft
jedem Einzelnen nur darum, seine eigene Existenz egoistisch
auf Kosten anderer zu sichern, wäre diese Gesellschaft nicht
überlebensfähig und würde untergehen. Jedes organisierte
Kollektiv, in dem sich die verschiedenen Fähigkeiten der
Einzelnen potenzieren und die unterschiedlichen Schwächen
ausgleichen können, ist stärker als die Summe seiner Individuen. Klassengesellschaften, in denen die Minderheit einer
Ausbeuterklasse auf Kosten der Mehrheit lebt, werden in
der gesamten Menschheitsgeschichte nur eine kleine Episode
bleiben. Diese Zeit macht bisher etwa 5 000 von rund zwei
Millionen Jahren Entwicklungsgeschichte der Menschen aus.

Letztlich wird sich eine **klassenlose Gesellschaftsordnung durchsetzen** und beständig höherentwickeln. Dann
werden die dominierenden Merkmale der feudalen und der
bürgerlichen Denk-, Arbeits- und Lebensweise überwunden
sein: die Ausbeutung von Mensch und Natur, egoistischer Indi-
vidualismus, existenzbedrohende Konkurrenz, gegenseitige
Vernichtungskriege und Unterdrückung der übergroßen Mehrheit der Bevölkerung durch eine kleine herrschende Schicht.

Reaktionäre Theorien wie von Dawkins oder Kotrschal haben den einzigen Zweck, die kapitalistische Wirklichkeit als
gott- oder naturgegeben zu verewigen. Friedrich Engels hat
schon vor etwa 150 Jahren gegen die Sozialdarwinisten und
ihre pseudowissenschaftliche Überbetonung des »Kampfs ums
Dasein« polemisiert:

*»Kaum war Darwin anerkannt, so sehen dieselben Leute
überall nur **Kampf**. ... Die Wechselwirkung toter Naturkörper
schließt Harmonie und Kollision, die lebender bewußtes und*

unbewußtes Zusammenwirken wie bewußten und unbewußten Kampf ein. Es ist also schon in der Natur nicht erlaubt, den einseitigen ›Kampf‹ allein auf die Fahne zu schreiben. Aber ganz kindisch ist es, den ganzen mannigfaltigen Reichtum der geschichtlichen Ent- und Verwicklung unter die magre und einseitige Phrase ›Kampf ums Dasein‹ subsumieren zu wollen.«[77]

Heute ist in der Evolutionsbiologie die **Kooperation und Koevolution verschiedener Arten** in ökologischen Systemen neben der Rolle der Konkurrenz und natürlichen Auslese eine **anerkannte Tatsache.** *»Harmonie und Kollision«* als Kampf und Einheit der Gegensätze sind Grundbestandteile des Lebens.

Das gilt auch für die Zellen, was sich gut an der **Funktionsweise des Immunsystems** des Menschen beobachten lässt. T-Zellen[78] machen etwa 70 Prozent der Immunzellen aller Lymphozyten[79] aus. Sie sind für die zelluläre Immunantwort verantwortlich, greifen Krankheitserreger direkt an und vernichten auch eigene Körperzellen, die von Viren oder Entartung betroffen sind (*»Kollision«*). In den Lymphorganen findet die Auswahl und massenhafte Vermehrung derjenigen T-Zellen statt, die über die passenden Rezeptoren zur Abwehr der jeweils aktuellen Infektion verfügen. Dabei wird keine der Millionen anderen spezifischen T-Zellen vernichtet, vielmehr bleiben alle als Reserve gegen künftige Infektionen erhalten (*»Harmonie«*).

Das bestätigt glänzend die dialektische Daseinsweise der Natur und widerlegt die einseitige Hervorhebung des »Kampfs

---

[77] Friedrich Engels, »Dialektik der Natur«, Marx/Engels, Werke, Bd. 20, S. 564/565

[78] Zellen des Immunsystems, die eine adaptive (erlernte) Immunantwort auslösen können

[79] weiße Blutkörperchen mit Aufgaben in der Immunabwehr

ums Dasein«, die nur die imperialistische Maxime von »Fressen oder Gefressenwerden« widerspiegelt.

Die Problematik der Genforschung

Die Krise der bürgerlichen Ideologie in der Biologie zeigt sich besonders in der Überbetonung der Rolle der Gene und deren angeblicher Unveränderlichkeit, während das **Genom als Gesamtheit der Erbinformationen eines Lebewesens** gering geschätzt wird.

Im Jahr 2000 gelang es im Rahmen des »Humangenomprojekts«, das menschliche Genom mit seinen 3,2 Milliarden Buchstaben zumindest auf molekularer Ebene zu analysieren. Diese Errungenschaft gehört heute zu den Grundlagen der Diabetes- und Alzheimerforschung und fördert die frühzeitige Diagnose und Behandlung von Erbkrankheiten.

Der Genetiker **Rolf Knippers** kritisiert jedoch die mechanische Herangehensweise bei dem drei Milliarden US-Dollar teuren Projekt. Sein hauptsächliches Ergebnis sei nichts als ein *»Wörterbuch«*:

»Was nun die großen und weitverbreiteten menschlichen Krankheiten betrifft ... war man nicht viel klüger als vorher.«[80]

Gescheitert war damit die Vorstellung der einfachen »Wenn-dann-Beziehungen«, also die Annahme einer einfachen Kausalität zwischen einzelnen Genen, bestimmten Proteinen, ihren Funktionen und der Entstehung von Krankheiten.

Jahrzehntelang galt der dogmatische Grundsatz, dass ein Gen den feststehenden Bauplan für je ein Protein enthalten würde. Neuere Erkenntnisse zeigen aber, dass Proteine nicht starr ein für alle Mal existieren, sondern untereinander kooperieren und kommunizieren, sich gegenseitig beeinflussen,

---

[80] Rolf Knippers, »Eine kurze Geschichte der Genetik«, S. 280, 281

steuern und regulieren.[81] Proteine können auf diese Weise in ihrer ganzen veränderlichen Vielfalt Einfluss auf die Gene nehmen, die sich dabei selbst entwickeln und verändern. Wie ein großes Orchester mit 100 Musikern unzählige Melodien erzeugen kann, so sind bei Zehntausenden Genen des Menschen der Gestaltung der Proteine besonders im Gehirn kaum Grenzen gesetzt.

Die **Epigenetik**[82] als neuere Disziplin hat nachgewiesen, dass verschiedenste Umwelt- und soziale Faktoren wie Ernährung oder Stress ein Genom nachhaltig verändern können, indem einzelne Gene oder Genabschnitte verstärkt oder vermindert aktiviert werden. Diese Veränderungen können nur kurze Zeit anhalten oder auch als Prägung über Generationen weitergegeben werden. Das Genom der Organismen ist also im Zusammenspiel mit den Eiweißen grundsätzlich nicht nur fähig zur Anpassung an gegebene Umstände, sondern auch zur Veränderung und zur Höherentwicklung seiner selbst. Diese Erkenntnisfortschritte zeigen, dass die althergebrachte einfache Gegenüberstellung – angeboren oder erworben – unsinnig ist. Sie ist eine metaphysische Betrachtungsweise der bürgerlichen Ideologie.

Warum die bürgerliche Biologie die Beweglichkeit des menschlichen Genoms nicht versteht, liegt an ihrer Unfähigkeit, das **dialektische Wechselspiel zwischen Proteinen und Genen** nachzuvollziehen. Wenn Biologen versuchen, das Leben und seine Entstehung aus Nukleinsäuren ohne Proteine zu erklären oder wenn sie Gene als alles dominierend und unveränderlich darstellen, wenn sie bei der Evolution nur den Kampf, nicht aber die Wechselwirkung zur Kooperation, die

---

[81] ebenda, S. 193–201

[82] Wissenschaftsdisziplin, die sich mit den Einflüssen der Umwelt auf die Aktivität der Gene und die Vererbbarkeit der Genaktivierung befasst

Anpassung und Höherentwicklung der Arten betonen, dann
zeigt das eine starre, metaphysische Denkweise. Eine solche
Denkweise widerspricht den äußerst beweglichen und komplexen Prozessen des Lebens im fortwährenden Werden und
Vergehen in Wechselwirkung mit Gesellschaft und Umwelt.

Zur Lösung der Herausforderungen des Lebens der Menschheit verhilft nur die bewusst angewandte dialektisch-materialistische Methode. Sie verarbeitet den höchsten Stand der
Erkenntnisse vom Standpunkt und im Interesse der Arbeiterklasse und der breiten Massen der Welt.

Im Gegensatz dazu hat sich die bürgerliche »Wissenschaft
vom Leben« mit Haut und Haaren den kapitalistischen
Gesetzen verschrieben. Unverblümt schreibt der Verband der
forschenden Pharma-Unternehmen in Deutschland:

*»Ohne unternehmerisches Denken mit der Aussicht auf
Patentschutz hätte es weder so schnell Impfstoffe gegeben noch
würden die Unternehmen in der Lage sein, Milliarden Dosen
zu liefern.«*[83]

Welches Armutszeugnis! Die bis zu 748 Millionen US-Dollar
teuren Investitionen für den **COVID-19-mRNA-Impfstoff**
erfolgten erst, als das US-Pharmamonopol Pfizer mit einer
Vervielfachung seines Maximalprofits rechnen konnte. Und
war es nicht so, dass diese Investitionen erst zusammen mit
375 Millionen Euro staatlicher Subventionen die Entwicklung
des Impfstoffs in kürzester Zeit ermöglichten? In Wahrheit
war die Mutter des Erfolgs auch nicht *»unternehmerisches
Denken«*, sondern die Nutzung von Ergebnissen der seit den
1960er-Jahren von Wissenschaftlern der ganzen Welt hauptsächlich an Universitäten vorangetriebenen – und überwiegend gesellschaftlich finanzierten – mRNA-Forschung.

---

[83] »Aufhebung des Patentschutzes für COVID-19-Impfstoffe löst keine Probleme«, vfa.de 17.6.2022

In einer sozialistischen Gesellschaft wäre eine solche Geschwindigkeit selbstverständlich. Dann würde das enorme Potenzial einer weltweiten schöpferischen Zusammenarbeit von Wissenschaftlern, Produktionsarbeitern und breiten Massen entfaltet. In der staatsmonopolistischen Wirtschaft aber wurde das schnelle Ergebnis erreicht, als angesichts der pandemischen Notsituation horrende Gewinne lockten.

Im Sozialismus und Kommunismus werden die Naturwissenschaften ausschließlich **im Dienst der Menschheit stehen** und weder vom Zwang, Maximalprofite zu erwirtschaften, noch von der Kapitaldecke privater und konkurrierender Forschungsinstitute abhängig sein und angetrieben werden.

Die Sonderstellung des Menschen in der Natur

Im dialektischen Wechselspiel mit seinem höchst entwickelten gesellschaftlichen Leben eroberte der **Mensch** eine **Sonderstellung in der Natur**. Er produziert Lebensmittel, die die Natur ohne ihn nicht produziert hätte, schafft Wohn- und Lebensverhältnisse, ohne die er unter den natürlichen Anfeindungen wie Kälte oder Hitze, Dürre oder Überschwemmung nicht existieren könnte. Allein das verdeutlicht, dass eine unmittelbare Übertragung der Gesetze aus dem Tierreich auf den Menschen unzulässig ist.

Diese Sonderstellung des Menschen wird nicht nur von bürgerlichen Evolutionsforschern wie **Stephen Jay Gould** in seinem Buch »Zufall Mensch« infrage gestellt, sondern auch von einigen Primatenforschern.[84]

Besondere Beispiele sind Buchtitel wie »Der nackte Affe« von **Desmond Morris** oder Aussagen wie *»Trotz Bach, Picasso*

---

[84] Primaten sind eine Ordnung der Säugetiere, zu der alle Affen und Halbaffen, Menschenaffen und auch die Menschen gehören.

und IPad sind wir Affen geblieben.«[85] Die genetischen Ähn-
lichkeiten von Menschen und Menschenaffen bewegten den
Anthropologen **Volker Sommer**, den Philosophen **Peter Sin-
ger** und andere sogar dazu, »*Grundrechte für Menschenaffen*«
zu fordern.[86]

Die Menschen waren nach jüngsten Forschungen in ihrer
Entwicklungsgeschichte nie Menschenaffen wie die heutigen
Schimpansen. Für die vom Menschen getrennte Entwicklung
der heutigen Menschenaffen liegen inzwischen überwälti-
gende wissenschaftliche Beweise vor. Der letzte gemeinsa-
me Vorfahr von Mensch und Schimpanse existierte vor rund
sieben Millionen Jahren. Das Festhalten an der überholten
Auffassung »Der Mensch stammt vom Affen ab« wäre nach
diesen neuen Forschungsergebnissen eine **Vulgarisierung
der Evolutionsgeschichte und -theorie**.

In Wirklichkeit vollzieht sich Entwicklung nicht in gerader
Linie, sondern dialektisch und in qualitativen Sprüngen, sie
ist nur als Negation der Negation und nach dem dialektischen
Gesetz von Einheit und Kampf der Gegensätze zu verstehen.
So gingen aus dem letzten gemeinsamen Vorfahren von Menschen und Schimpansen zwei durchaus verwandte, aber wesentlich verschiedene Arten hervor.

Der Übergang zum aufrechten Gang als »*ein Schlüsselereig-
nis*«[87] der Entwicklung zum Menschen fand – nach heutiger
Kenntnis – vor etwa 6,5 bis 4,4 Millionen Jahren statt. Auf
3,4 Millionen Jahre alten Knochen finden sich schon Schnitt-
spuren, die den Gebrauch von Steinklingen nachweisen. Vor

---

[85] Michael Schmidt-Salomon, Festrede anlässlich einer Ehrung für die
Begründer des Great Ape Projects, 2011

[86] Rundbrief der Gesellschaft für Primatologie, 2014

[87] »Aufrechter Gang«, spektrum.de 21.8.2022

etwa 2,6 Millionen Jahren fertigten die ersten Menschen Steinklingen in großer Zahl.

Mit seiner berühmten philosophischen Schrift »Anteil der Arbeit an der Menschwerdung des Affen« betonte Friedrich Engels entsprechend dem Kenntnisstand seiner Zeit treffend die materialistische Auffassung, dass der Mensch kein »göttliches« Wesen ist, sondern sich aus dem Tierreich entwickelt hat. Damit redete er jedoch keineswegs der Verwischung des Unterschieds zwischen Menschen und Menschenaffen das Wort, die auch eine ignorante Abwertung der Würde und des Wesens der Menschen wäre. Eine solche Abwertung steht im krassen Gegensatz zum dialektisch-materialistischen Weltbild, nach dem der Mensch

»das Wirbeltier (ist), *in dem die Natur das Bewußtsein ihrer selbst erlangt«,* indem *»von diesem Augenblick an der Mensch aufhört, sich passiv den blinden Naturgesetzen zu unterwerfen«.*[88]

Der Mensch als Produkt gemeinschaftlicher Arbeit und sozialer Entwicklung

Der Mensch verdankt der gesellschaftlichen Arbeit die Besonderheiten, die ihn vom Tier unterscheiden.

»Arbeit zuerst, nach und dann mit ihr die Sprache – das sind die beiden wesentlichsten Antriebe, unter deren Einfluß das Gehirn eines Affen in das ... eines Menschen allmählich übergegangen ist.«[89]

Neueste Ergebnisse des Anthropologen **Michael Tomasello** betonen das soziale Wesen des Menschen als Resultat einer

---

[88] Friedrich Engels, »Dialektik der Natur«, Marx/Engels, Werke, Bd. 20, S. 322 und Anmerkungen, S. 667

[89] Friedrich Engels, »Anteil der Arbeit an der Menschwerdung des Affen«, Marx/Engels, Werke, Bd. 20, S. 447

einzigartigen sozialen und kulturellen Evolution im Zusammenspiel mit den biologischen Voraussetzungen:

»Ihre hervorstechendste Eigenschaft ist ihr hoher Grad (und sind ihre neuen Formen) von Kooperation.«[90]

Deshalb bezeichnet er den Menschen sogar als *»ultrakooperativ«*[91]. Über diese einzigartige menschliche Eigenschaft führt Tomasello aus:

»Im Ergebnis beruhen so gut wie alle der bemerkenswertesten menschlichen Errungenschaften … darauf, wie sich jeder Einzelne auf einzigartige Weise mit anderen kooperativ koordinieren kann, und zwar sowohl bezogen auf den jeweiligen Augenblick als auch auf kulturgeschichtliche Zeitspannen. … weil die Individuen in der Lage sind, miteinander einen gemeinsamen Akteur, ein ›wir‹, zu schaffen … gleichzeitige Gemeinsamkeit und Individualität.«[92]

Natürlich leben auch Tiere in Gemeinschaften und verwirklichen bis zu einem gewissen Grad ein soziales Zusammenleben. Sie sind teils auch fähig, zur Gewinnung ihrer Nahrung einfache Hilfsmittel herzustellen, zu nutzen und dies auch weiterzugeben. Den Menschen kennzeichnen jedoch **einzigartige Fähigkeiten zu bewusstem, dialektischem Denken in die Tiefe und Perspektive sowie zu planmäßigem und kollektivem Handeln.** Sie sind entstanden durch soziale Interaktion bei der Produktion und Reproduktion des unmittelbaren Lebens.

Auch neuere Resultate der neurobiologischen Forschung untermauern, wie der **Mensch zum höchstorganisierten Produkt lebendiger Materie** auf diesem Planeten wer-

---

[90] Michael Tomasello, »Mensch werden. Eine Theorie der Ontogenese«, S. 14

[91] Michael Tomasello, »Eine Naturgeschichte der menschlichen Moral«, S. 13

[92] Michael Tomasello, »Mensch werden. Eine Theorie der Ontogenese«, S. 14, 19, 30

den konnte: Sein Nervensystem entwickelte die Fähigkeit, die eigenen Strukturen und Funktionen lebenslang an sich verändernde innere und äußere Bedingungen und Herausforderungen anzupassen. Das brachte auch die Eigenschaft des Gehirns hervor, sich bis zu einem gewissen Grad selbst zu regenerieren und sich entsprechend seinem Gebrauch neu zu strukturieren. Entgegen alten Lehrmeinungen ist selbst die Anzahl der Gehirnzellen nicht endgültig festgelegt und kann im Lauf des Lebens zu- oder abnehmen. Der Neurobiologe **Gerald Hüther** schlussfolgert daraus:

»Die Art und Weise der in unserem Gehirn angelegten Verschaltungen zwischen den Nervenzellen, die unser Denken, Fühlen und Handeln bestimmen, ist abhängig davon, wie wir diese Verschaltungen nutzen, was wir also mit unserem Gehirn machen, was wir immer wieder denken, was wir immer wieder empfinden«.[93]

Bei allen fortschreitenden Erkenntnissen im Einzelnen lässt sich Hüther jedoch von der kleinbürgerlichen Illusion leiten, die gesamtgesellschaftliche Würde des Menschen wäre auch ohne revolutionäre Gesellschaftsveränderung zu verwirklichen, indem jeder individuell seine Würde entwickelt und so eine schrittweise Veränderung der Gesellschaft erfolge. Dagegen polemisierte schon 1961 der Philosoph **Ernst Bloch**:

»Es gibt keine menschliche Würde ohne Ende der Not, aber auch kein menschgemäßes Glück ohne Ende alter oder neuer Untertänigkeit.«[94]

Der Revolutionär und marxistisch-leninistische Theoretiker **Oscar Creydt** aus Paraguay geht in seinem Werk »Vom unbewussten Universum zur Bildung des bewusst rationell schaffenden Menschen« ebenfalls vom *»solidarisch*(en) *und koope-*

---

[93] Gerald Hüther, »Biologie der Angst. Wie aus Streß Gefühle werden«, S. 8

[94] Ernst Bloch, »Naturrecht und menschliche Würde«, S. 237

rativ(en)« Charakter und der »*rationelle*(n) *selbstbewusste*(n) *Würde*« des »*Systems Mensch*« aus. Er zeigt, dass die Ausbeutung, Entmenschlichung und »*Verstümmlung des Systems Mensch*« den Menschen der Möglichkeit berauben, rationelle Arbeit zu leisten. Die Herausbildung des menschlichen Wesens wird gehemmt, solange es Kapitalismus gibt.[95]

Um Würde für alle Menschen zu gewährleisten, muss das imperialistische Weltsystem mit seinem Klassenantagonismus überwunden und die klassenlose Gesellschaft des Kommunismus verwirklicht werden.

Im Sozialismus, der Übergangsgesellschaft vom Kapitalismus zum Kommunismus, werden die **Menschen ihre Fähigkeiten zur Kooperation und Kollektivität bewusst entfalten**, bis die gesellschaftliche Arbeit zum ersten Lebensbedürfnis geworden ist. Dieser Prozess wird sich nur im Wechselspiel mit einer fundamentalen weltanschaulichen Auseinandersetzung Bahn brechen: Der Einfluss der bürgerlichen Ideologie und die von ihr genährte kleinbürgerliche Denkweise, bürgerliche Traditionen und Gewohnheiten müssen überwunden und die **proletarische Denk- und Arbeitsweise** muss zur gesamtgesellschaftlichen Grundlage des Denkens, Fühlens und Handelns der Menschen werden. Die einzigartigen Fähigkeiten des Menschen zu lebenslangem Lernen, zur Bildung von Bewusstsein über sich und die Welt und damit zu ihrer **bewussten und planmäßigen Umgestaltung** – das ist das Wesen der dialektisch-materialistischen Weltanschauung. Karl Marx hat es so formuliert: »*Die Menschen machen ihre eigene Geschichte*«.[96]

---

[95] Oscar Creydt, »Vom unbewussten Universum zur Bildung des bewusst rationell schaffenden Menschen«, S. 218, 221, 226

[96] Karl Marx, »Der achtzehnte Brumaire des Louis Bonaparte«, Marx/Engels, Werke, Bd. 8, S. 115

5. Weltanschauliche Irrwege in der Umweltforschung

Der weltanschauliche Kampf um die Ökologie als Wissenschaft

Als erster großer Naturforscher gilt bis heute der Universalgelehrte **Alexander von Humboldt** (1769–1859). Auf mehrjährigen Auslandsreisen erkannte er, dass die Welt ein riesiger Organismus ist, in dem alles mit allem verbunden ist.

Ende des 19. Jahrhunderts entstand die **Ökologie** als eine neue Disziplin der modernen Naturwissenschaft. Eine erste wissenschaftliche Definition gab der deutsche Zoologe **Ernst Haeckel** 1866:

*»Unter **Oecologie** verstehen wir die gesammte **Wissenschaft von den Beziehungen des Organismus zur umgebenden Aussenwelt,** wohin wir im weiteren Sinne alle ›**Existenz-Bedingungen**‹ rechnen können.«*[97]

Diese Definition bedeutete eine Kampfansage an herkömmliche religiöse oder idealistische Vorstellungen, nach der alle Organismen unveränderlich und nur äußerlich lose miteinander verbunden wären.

Haeckels Definition betrachtete jedoch die Wechselbeziehung der Umwelt mit dem gesellschaftlichen Leben der Menschen noch nicht als zentrales Element der Ökologie.

Als eigentlicher Vater der **Umweltforschung** gilt deshalb **Wladimir Iwanowitsch Wernadski** (1863–1945), ein russisch-ukrainischer und sowjetischer Universalgelehrter, Biologe und Geologe. Er definierte die Biosphäre als

*»**Gesamtheit der irdischen Organismen mitsamt der unbelebten Materie, die sie umgibt**, mit der sie in einem*

---

[97] Ernst Haeckel, »Generelle Morphologie der Organismen«, Bd. 2, S. 286

***unendlichen Stoffwechsel** stehen und die sie mitgestalten und prägen.«*[98]

Wernadski bestimmte in Übereinstimmung mit der dialektisch-materialistischen Weltanschauung wissenschaftlich den prägenden Einfluss des bewussten gesellschaftlichen Lebens der Menschen auf ihre Umwelt.

So entstand die dialektisch-materialistische Ausrichtung der Umweltforschung ausgehend von der sozialistischen Sowjetunion. Demgegenüber negiert die bürgerliche Ökologie bis heute die notwendige allseitige Höherentwicklung der Einheit von Mensch und Natur als unverzichtbare gesamtgesellschaftliche Leitlinie. Das bildet die weltanschauliche Grundlage ihrer **Unfähigkeit**, die Wirklichkeit allseitig zu analysieren und entsprechende Schlussfolgerungen zu ziehen. Die bürgerliche Ökologie befindet sich so trotz vieler neuer Einzelerkenntnisse in einer sich rasch vertiefenden Krise.

Die globale Umweltkrise und der imperialistische Ökologismus

Die Tatsache der engen Wechselbeziehung von Umwelt und Gesellschaft konnte spätestens mit dem Entstehen der globalen Umweltkrise Ende der 1960er-/Anfang der 1970er-Jahre nicht mehr abgestritten werden:

*»Die globale Umweltkrise **stellt die Einheit von Mensch und Natur allgemein infrage**. Sie wurde zu einem neuen Merkmal der Allgemeinen Krise des Kapitalismus.«*[99]

So entstand eine weltweit agierende Umweltbewegung und ein allgemeines Umweltbewusstsein setzte ein. Proteste, Kämpfe bis hin zu Massenbewegungen stemmten sich der

---

[98] Stefan Engel, »Katastrophenalarm! Was tun gegen die mutwillige Zerstörung der Einheit von Mensch und Natur?«, S. 22

[99] ebenda, S. 77

Krise entgegen. In ihren Argumenten und Aktionen stützten sie sich auf Forschungen kritischer Wissenschaftler und es gelang ihnen punktuell, notwendige Umweltschutzmaßnahmen und -gesetzgebungen durchzusetzen.

Damals entstand die Weltanschauung des **kleinbürgerlichen Ökologismus**, die zu diesem Zeitpunkt durchaus auch eine vorwärtstreibende Rolle im Umweltkampf spielen konnte:

*»Das Bewusstsein setzte sich durch, dass die Umweltkrise und alle ihre **existenziellen Bedrohungen der Menschheit internationalen Charakter haben**.«*[100]

Zu diesem Zeitpunkt war die Umweltkrise noch eine **Begleiterscheinung der kapitalistischen Produktionsweise**. In diesem Stadium wäre es noch möglich gewesen, durch aktiven Widerstand der Arbeiterklasse und der Volksmassen gegen die Politik der Monopole und ihrer Regierungen das ökologische Gleichgewicht bis zu einem gewissen Grad zu erhalten oder wiederherzustellen. Doch dafür reichten Bewusstsein und Kampfkraft der damaligen Bewegung nicht aus.

Die wachsende Umweltbewegung, die Entwicklung des Bewusstseins der breiten Massen blieben dennoch nicht ohne Wirkung. Sie ließen auch die Herrschenden Anfang der 1970er-Jahre die Bedeutung der Umweltfrage für die künftige kapitalistische Entwicklung erahnen. Ihre ökonomische, politische und weltanschauliche Antwort darauf war der **imperialistische Ökologismus**. Dazu heißt es in dem Buch »Katastrophenalarm! Was tun gegen die mutwillige Zerstörung der Einheit von Mensch und Natur?«:

*»Sie propagierten die Linie der **Vereinbarkeit von kapitalistischer Ökonomie und Ökologie** und werteten diese*

---

[100] ebenda, S. 239

Illusion mit dem Gütesiegel der ›Nachhaltigkeit‹ noch auf. Realisiert wurde aber nur eine zynische Reglementierung der Umweltschutzpolitik nach dem Motto: Umweltschutz nur dann, wenn die Profite des Monopolkapitals nicht darunter leiden, also weiter gesteigert werden können.«[101]

Seit der Neuorganisation der internationalen Produktion ab den 1990er-Jahren kann der Imperialismus im erbarmungslosen internationalen Konkurrenzkampf **nur noch auf der Basis allseitiger Zerstörung der natürlichen Umwelt und umfassenden Raubbaus an den natürlichen Ressourcen existieren und Maximalprofite erzielen.** Die Umweltkrise entwickelte sich *»von einer Begleiterscheinung zu einer gesetzmäßigen Erscheinung der kapitalistischen Produktionsweise!«*[102]

Die Neuorganisation der internationalen Produktion war begleitet von einer **internationalen Offensive** des imperialistischen Ökologismus.[103] Aufgaben und Grenzen der bürgerlichen Umweltforschung bestehen seitdem darin, bei Anerkennung und möglichst Milderung der Umweltprobleme unter allen Umständen den Kapitalismus aufrechtzuerhalten. Den Massen soll der trügerische Eindruck vermittelt werden, dass Wissenschaft und Politik dem erwachten Umweltbewusstsein Rechnung tragen.

Maßgebliche Führer der **kleinbürgerlichen Umweltbewegung wie Jürgen Trittin**[104] begaben sich in das **Schlepptau des imperialistischen Ökologismus.** Sie verloren ihre

---

[101] ebenda, S. 231

[102] ebenda, S. 79

[103] vgl. ebenda, S. 231/232

[104] früher linksökologischer Umweltaktivist, später Umweltminister der SPD/»Grünen«-Bundesregierung unter Bundeskanzler Gerhard Schröder, 1998–2005

fortschrittliche Rolle, die sie teilweise noch in den 1970er- und 1980er-Jahren bei der Entfaltung kämpferischer Bewegungen gespielt hatten. Sie wetteiferten nur noch darum, wer als bester grüner Arzt am Krankenbett des überlebten Gesellschaftssystems glänzen konnte. Das war untrennbar mit ihrem modernen Antikommunismus verbunden.

Es ist eine große Errungenschaft der Arbeiter- und Umweltbewegung in Deutschland, dass die Massen der Ökologie inzwischen große Bedeutung beimessen. Noch prägt allerdings die kleinbürgerlich-ökologistische Denkweise stark dieses Umweltbewusstsein. Der Zwiespalt zwischen einigen richtigen Erkenntnissen über den Zustand des Planeten und **weltanschaulichen Illusionen**, die Probleme innerhalb des kapitalistischen Systems lösen zu können, ist charakteristisch für diese Denkweise. Daher rührt der **schwankende, inkonsequente Charakter** der noch vom kleinbürgerlichen Ökologismus geprägten Umweltbewegung.

Die Krise der bürgerlichen Umweltforschung

Seit den 1990er-Jahren bauten zahlreiche Institute und Forschungszentren die bürgerliche und kleinbürgerliche Umweltforschung aus. Sie wurden weitgehend in das **System des imperialistischen Ökologismus** integriert. Ihre hauptsächlichen weltanschaulichen Leitlinien und Methoden sind **Positivismus** und **Pragmatismus, Agnostizismus** und **Negativismus** bis hin zu **Fatalismus**. Sie sind damit weder bereit noch in der Lage zu einer allseitigen und umfassenden Analyse und Synthese der **Hauptfaktoren** der globalen Umweltkrise, ihrer Entwicklung und ihrer Wechselwirkungen.

Die UNO richtete parallel zur Vorbereitung und Durchführung der UN-Klimakonferenzen seit 1988 den Weltklimarat (IPCC) ein. Sein erklärtes Ziel ist, *»Regierungen auf allen Ebenen mit Information zu versorgen«* und *»Möglichkeiten* (aufzuzeigen), *wie die Menschheit den Klimawandel mindern und wie sie sich daran anpassen kann.«*[105]

Die IPCC-Berichte vermitteln vor allem die irreführende Botschaft, die Herrschenden nähmen sich mithilfe der Wissenschaft ernsthaft des Problems an.

Allein schon der Begriff *»Klimawandel«* bagatellisiert jedoch die drohende Klimakatastrophe oder die globale Umweltkatastrophe, die in diesem Bericht überhaupt nicht vorkommt.

Die bürgerliche Umweltforschung erfasst Entwicklungen meist **rückblickend** und **empirisch**. Wesentliche Methode sind mathematische Berechnungen. Qualitative Veränderungen durch **Selbstverstärkungseffekte** können mit rein mathematischen Methoden jedoch kaum erfasst werden. Der kenntnisreiche Waldforscher **Pierre Ibisch** schreibt resigniert:

»Nun erforschen wir schon jahrhundertelang mit immer größerem Aufwand und mit immer präziseren Instrumenten und Methoden die Natur – und müssen doch erkennen, dass wir nicht einmal die einfachsten Fragen beantworten können. … Dieses Nichtwissen ist unauflösbar, es kann nicht beseitigt werden.«[106]

Statt sich dem Nichtwissen agnostizistisch zu ergeben, sollten die engagierten Umweltforscher erkennen, wie hilfreich, klärend und unverzichtbar die dialektisch-materialistische Methode in der Umweltforschung ist.

Die bürgerliche Umweltforschung steckt aufgrund der wachsenden Kapitalismuskritik im Dilemma eines ständigen Rechtfertigungszwangs. Die »unabhängige« Forschung hängt

---

[105] IPCC, Deutsche Koordinierungsstelle, de-ipcc.de 16. 10. 2022

[106] Pierre Ibisch, Nachwort zu: Peter Wohlleben, »Der lange Atem der Bäume«, S. 235

meist finanziell am Tropf staatlicher Aufträge oder gar direkt an Monopolen wie Shell, RWE, VW, Bayer oder Deutsche Bahn.

Es kennzeichnet die Krise der bürgerlichen Umweltforschung, dass sie deshalb **immer weniger richtige Prognosen** treffen kann.

Täuschungsmanöver »Klimaneutralität«

»Nachhaltigkeit« und »Klimaneutralität« heißen die Zauberworte des ökologischen Imperialismus, die unter den Massen neues Vertrauen schaffen sollen, die Klimakrise sei bei den Herrschenden in guten Händen. Die EU versprach 2021 mit ihrem »European Green Deal«, Europa bis 2050 zum ersten »klimaneutralen Kontinent« zu machen. Fast jedes Produkt oder alles politische Handeln soll »klimaneutral« werden.[107]

»Klimaneutralität« bedeutet laut Europaparlament,

*»ein Gleichgewicht zwischen Kohlenstoffemissionen und der Aufnahme von Kohlenstoff aus der Atmosphäre in **Kohlenstoffsenken** herzustellen. Um Netto-Null-Emissionen zu erreichen, müssen alle Treibhausgasemissionen weltweit durch Kohlenstoffbindung ausgeglichen werden.«*[108]

CO_2 entsteht grundsätzlich als Nebenprodukt der Zellatmung von Lebewesen, wird aber im natürlichen Kreislauf durch Kohlenstoffsenken wieder gebunden. Insofern erscheint der Gedanke der »Klimaneutralität« als bewusst herbeigeführte Übereinstimmung von CO_2-Ausstoß und CO_2-Bindung als der Natur nachempfunden. Tatsächlich ist es in seiner kapitalistischen Ausrichtung jedoch ein reines weltanschauliches und politisches Täuschungsmanöver.

---

[107] vgl. Europäische Kommission, 14. 7. 2021

[108] »Was versteht man unter Klimaneutralität?« Aktuelles. Europäisches Parlament, europarl.europa.eu 7. 10. 2019

Erstens reichen Netto-Null-Emissionen angesichts der mit inzwischen 416 ppm[109] höchsten Konzentration von CO_2 in der Atmosphäre bei weitem nicht mehr aus. Die gesamtgesellschaftliche Leitlinie muss eine »klimapositive« Bilanz sein. Stattdessen suggeriert der inflationär verwendete Begriff der »Klimaneutralität« eine **metaphysische, rein quantitative Betrachtung** entsprechend dem simplen Bild einer Waage zwischen Ausstoß und Bindung von CO_2.

Zweitens beziehen die bürgerlichen Rechnungen in der Regel nur den CO_2-Ausstoß aus Verkehr, Landwirtschaft, Industrie, Energieerzeugung als menschengemacht und auszugleichend ein. Durch das Erreichen verschiedener Kipppunkte ist jedoch längst eine **unkontrollierbare**, in biologischen und physikalischen Gesetzen der Natur begründete **Eigendynamik** der Treibhausgasentwicklung entstanden.

Drittens wird unter dem pragmatischen Vorwand einer angeblichen »Klimaneutralität« umweltzerstörenden Techniken und Methoden wie der Gasverbrennung oder der hochgefährlichen Atomkraft als »**Brückentechnologie**« ein grünes Klima-Etikett verliehen. Diese sind aber geeignet, die Umweltkrise weiter zu verschärfen.

Viertens werden für Unternehmen im Kapitalismus selbst umweltpolitische Maßnahmen wie die Einschränkung von Verschmutzungsrechten zur Ware, die möglichst Maximalprofit bringend zu verwerten ist. So wurde der schwungvolle **Handel mit Verschmutzungsrechten** nicht nur zum Freifahrtschein für die Luftverschmutzung und zu einem äußerst lukrativen Geschäfts- und Spekulationsobjekt, sondern auch zum Vehikel dreister Subventionsforderungen durch Monopole.

---

[109] ppm = parts per million = CO_2-Moleküle pro 1 Million Luftmoleküle. Zu Beginn der Industrialisierung waren es nur 280 ppm.

Die Umweltorganisation Greenpeace gibt einen kleinen Einblick, wie abgefeimt die Monopole ihre »Klimaneutralität« im Zeichen des imperialistischen Ökologismus betreiben:

»Dabei spenden Firmen für Klimaschutzprojekte in Afrika, Asien und Lateinamerika, etwa für die Erhaltung von Wäldern, das Pflanzen von Bäumen ... Die so eingesparten oder gebundenen CO_2-Emissionen werden in Gutschriften umgemünzt ... Die Firmen kaufen so viele davon, dass sie – jedenfalls rechnerisch – den Ausstoß ihrer Produktion tilgen und Klimaneutralität für sich reklamieren können. Währenddessen blasen sie jedoch weiterhin Treibhausgase in die Atmosphäre. ... ›Kompensation als Lizenz, das umweltschädliche Business-as-usual fortzusetzen, führt sogar zu mehr Emissionen‹«.[110]

Fünftens fördern einige Monopole zur Zersetzung des Umweltbewusstseins der Massen auch die Verbreitung einer **ökologisch verbrämten Variante des Neofaschismus** vor allem durch die faschistoide AfD. Mit Hetze gegen die Umweltbewegung und einer Stimmungsmache etwa gegen Windräder verbreiten sie Skeptizismus und Negativismus. Zugleich versuchen sie, mit demagogischen Losungen wie »Umweltschutz ist Heimatschutz« das Umweltbewusstsein in ihre **völkische Ideologie** umzulenken.

Mit all diesen **weltanschaulichen Kampfstrategien** verabschiedeten sich die Herrschenden in Wirklichkeit von der notwendigen drastischen Senkung des CO_2-Ausstoßes vor allem durch Beendigung der Verbrennung fossiler Energieträger. Der CO_2-Ausstoß wurde nicht nur nicht gebremst, sondern in schwindelerregende Höhen getrieben. So lautet die Bilanz der Internationalen Energieagentur (IEA) im Jahr 2022:

»Der weltweite energiebedingte Kohlendioxid-Ausstoß ist im vergangenen Jahr nach Analyse der Internationalen Energie-

---

[110] »Total neutral«, greenpeace-magazin.de 3/2021

agentur (IEA) um sechs Prozent auf 36,3 Milliarden Tonnen gestiegen. Dies sei der höchste Stand aller Zeiten« – und das trotz *»Allzeithoch bei erneuerbaren Energien«.*[111]

Wenn für die Monopole eine bessere Möglichkeit entsteht, ihr Kapital Maximalprofit bringend zu verwerten, dann haben sie keine Probleme, Umweltschutzmaßnahmen wieder fallen zu lassen. Das beweist die horrende Spekulation mit fossilen Brennstoffen während des Ukrainekriegs.

Die umweltpolitische Kehrtwende der SPD/»Grünen«/FDP-Bundesregierung

Für die Durchsetzung der **umweltpolitischen Kehrtwende**, die die Monopole längst vorher gefordert hatten, war der völkerrechtswidrige, imperialistische Angriffskrieg Russlands auf die Ukraine im Februar 2022 geradezu ein Segen. Der zuvor gern gesehene Geschäftspartner Putin wurde zum Staatsfeind Nummer Eins und »Energieunabhängigkeit von Putin« zum obersten sicherheits- und umweltpolitischen Ziel. Unter dieser Flagge und unter geradezu kriegshysterischer Begleitmusik stellten Monopole und Regierung so ziemlich **alle umweltpolitischen Errungenschaften der letzten 20 Jahre infrage.** Um das zu kaschieren, proklamierte der grüne Bundesminister für Wirtschaft und Klimaschutz, **Robert Habeck**, einen neuen »unideologischen Pragmatismus«:

»Da muss der Pragmatismus jede politische Festlegung schlagen, die Versorgungssicherheit muss gewährleistet sein«.[112]

»Unideologisch pragmatisch« ist demnach, was den kriegspolitischen Zielen dient. Im Kern waren die schnell eingeführten Änderungen Ausdruck eines **umweltpolitischen**

---

[111] »IEA: CO_2-Ausstoß 2021 auf Höchststand«, zeit.de 8.3.2022

[112] »Kohle und Atom: Habeck sucht den Rückwärtsgang«, mopo.de 2.3.2022

Paradigmenwechsels sämtlicher führender imperialistischer Staaten. Dieser Politik lagen entschiedene **Aufträge aus den Monopolverbänden** zugrunde. Für den proklamierten »Neustart« hatte schon der Koalitionsvertrag der »Ampel«-Regierung offenherzig den Kampf um die Spitzenposition deutscher Monopole zum Programm erklärt:

»Unseren Wohlstand in der Globalisierung zu sichern ist nur möglich, wenn wir wirtschaftlich und technologisch weiter in der Spitzenliga spielen und die Innovationskräfte unserer Wirtschaft entfalten.«[113]

Doch wer in der kapitalistischen »*Spitzenliga*« spielen will, muss Mensch und Umwelt höchst profitabel ausbeuten.

Einseitige Fokussierung auf die Klimafrage

Die Anhänger des imperialistischen Ökologismus reduzieren die globale Umweltkrise nahezu auf ein einziges Problem: die Klimafrage. Die eng mit dem Klima verbundenen **weiteren Faktoren der Entwicklung zur globalen Umweltkatastrophe** erscheinen bei ihnen allenfalls noch als Randnotizen: die Zerstörung der Ozonschicht, die beschleunigte Vernichtung der Wälder, die erhebliche Zunahme regionaler Umweltkatastrophen, die drohende Gefahr umkippender Weltmeere, die Zerstörung regionaler Ökosysteme und das bedrohliche Artensterben, der rücksichtslose Raubbau an Rohstoffen und die Vergiftung und Vermüllung von Luft, Gewässern und Böden oder die unverantwortliche Nutzung der Atomenergie.

Weltanschaulich liegt dem zugrunde, ökologische Systeme nicht als in sich geschlossene Systeme zu betrachten, sondern für den Positivismus typisch als **Ansammlung von Einzel-**

---

[113] Koalitionsvertrag 2021–2025 zwischen SPD/»Grünen«/FDP, S. 5, Internetversion

komponenten ohne Zusammenhang und Wechselwirkung.

Die kapitalistische Produktionsweise des krisengeschüttelten imperialistischen Weltsystems kann mit einer kritischen Diskussion der Klimafrage leben. Auf diesem Terrain gibt es nämlich inzwischen eine **Maximalprofit versprechende Branche,** die Windräder, Solaranlagen, Wärmepumpen oder elektrisch betriebene Kraftfahrzeuge produziert und vertreibt. Bei den anderen grundlegenden Problemen der globalen Umweltkrise ist nur die entschiedene **Absage an Raubbau in der natürlichen Umwelt** gefragt, was ernsthaft zulasten der Maximalprofit bringenden Produktion gehen müsste.

Eintritt in die globale Umweltkatastrophe

Doch auch in der Klimafrage war schon die Maßgabe aus dem **Pariser UN-Klimaabkommen** von 2015, eine maximale Erderwärmung um 1,5 bis 2 Grad zu gewährleisten, völlig unzureichend. Der renommierte Umwelt- und Klimaforscher **Hans Joachim Schellnhuber** lobte dennoch das verharmlosende Abkommen wider besseres Wissen als *»Kompromiss zwischen dem wissenschaftlich Gebotenen und dem ökonomisch Günstigen«*[114].

Er widersprach damit eigenen Erkenntnissen, dass bereits auf einer höchstens 1,5 bis 2 Grad wärmeren Erde unwiderrufliche **Kipppunkte des globalen Klimasystems** überschritten werden.[115]

---

[114] Joachim Wille, »Die Haut und die Freiheit retten«, klimareporter.de 3.9.2018

[115] Potsdam-Institut für Klimafolgenforschung, »Kipppunkte im Klimasystem«, Juni 2019

Schellnhubers »*Kompromiss*« läuft auf die Leitlinie hinaus: Umweltschutz darf die Profite des Monopolkapitals nicht schmälern.

Mittlerweile ist der Betrug mit den sogenannten **Restbudgets**, den angeblich noch verbleibenden Spielräumen im CO_2-Ausstoß, in einer offenen Krise. Selbst der Bericht des UN-Weltklimarats (IPCC) von 2022 ging davon aus, dass **irreversible Schäden der globalen Stoffkreisläufe und des globalen ökologischen Gleichgewichts** bereits eingetreten und verschiedene **Kipppunkte** erreicht sind. Der Bericht fasste zusammen:

»*Der Klimawandel hat ... zunehmend **irreversible Verluste** in Land-, Süßwasser- und Küstenökosystemen sowie im offenen Meer verursacht ... Einige Verluste sind bereits **unumkehrbar**«.*[116]

Der Bericht des UN-Weltklimarats ist jedoch nicht in der Lage, diese Erscheinungen richtig in die Gesamtentwicklung der Umweltkrise einzuordnen und zu qualifizieren. Schon in dem Buch »Katastrophenalarm! Was tun gegen die mutwillige Zerstörung der Einheit von Mensch und Natur?« wurde 2014 eindringlich gewarnt, »*dass sich die Menschheit inzwischen mitten im fortschreitenden Übergang zu einer globalen Umweltkatastrophe befindet.*«[117] Es wäre eine grobe Unterschätzung, weiter nur von einem sich entwickelnden Übergang zur Umweltkatastrophe auszugehen. Inzwischen ist die **Umweltkrise** in ein **qualitativ neues Stadium** eingetreten: **Die globale Umweltkatastrophe hat eingesetzt!**

---

[116] »Climate Change 2022: Impacts, Adaptation and Vulnerability«, S. 9 – eigene Übersetzung, Hervorhebung Verf.

[117] Stefan Engel, »Katastrophenalarm! Was tun gegen die mutwillige Zerstörung der Einheit von Mensch und Natur?«, S. 8/9

Dieses Stadium bedeutet, dass nach und nach **unaufhalt-
sam, unkontrolliert und beschleunigt** sämtliche menschlichen Lebensgrundlagen auf der Erde zerstört werden.
Wie lange dieses Stadium der globalen Umweltkatastrophe
braucht, um ihr zerstörerisches Werk zu vollenden, ob es
Jahrzehnte oder Jahrhunderte dauert, kann an dieser Stelle
nicht vorhergesagt werden. Aber eine Reihe **überschrittener
Kipppunkte** sind bereits **irreversibel** und verschärfen ohne
unmittelbares Zutun der kapitalistischen Produktion und
Konsumtion die globale Umweltkrise.

Beim Klima betreffen sie das Abschmelzen des grönlän-
dischen und westantarktischen Eisschilds, was den Albedo-
Effekt[118] verringert und damit den Treibhauseffekt massiv
verstärkt. Auch dadurch steigt der Meeresspiegel bis zum Jahr
2100 voraussichtlich um ein bis zwei Meter an. Bereits das
führt zur Überflutung ganzer Megastädte und Regionen. Selbst
6,8 bis 16 Meter Anstieg in den nächsten 280 Jahren sind
nicht ausgeschlossen, wenn weitere Kippelemente in Gang
gesetzt werden.[119] Das Abschmelzen der Gletscher vernichtet
wesentliche Trinkwasserreserven und treibt das Problem des
weltweiten Trinkwassermangels auf die Spitze. Das Auftauen
des Permafrost-Bodens setzt rund 1 500 Milliarden Tonnen
CO_2 und Methangas frei, was theoretisch genügt, die Konzentration von Treibhausgasen in der Atmosphäre zu verdreifa-
chen. Methan hat etwa die 25-fache zerstörerische Wirkung
von CO_2. Nicht zuletzt hat die Deformation der Meeresströme
und der natürlichen Regulation zwischen der südlichen und
nördlichen Hemisphäre bereits zu dramatischen Klimaverän-

---

[118] Maß für die Rückstrahlung der Sonnenenergie ins Weltall. Die Rückstrahlung nimmt durch weniger Eis- und Schneeflächen ab, wodurch die Erde zusätzlich aufgeheizt wird.

[119] »Gibt es wirklich einen Klimawandel?«, John Cook/klimafakten.de, zuletzt
aktualisiert Dezember 2021

derungen geführt, die sich in bisher nicht gekannten regionalen Umweltkatastrophen entluden. Weitere Kipppunkte sind verschiedene Prozesse des dramatischen Artensterbens oder die Zerstörung des Amazonas-Regenwalds, der unwiderruflich von einer CO_2-Senke zu einem CO_2 ausstoßenden Faktor kippt. Diese **neue Entwicklung** bringt bisher **nicht gekannte Erschütterungen** in einer neuen **Qualität und Quantität** zum Ausdruck. Sie zeigt auch, dass das Ziel des **Pariser Abkommens**, die Erderwärmung auf 1,5 bis 2 Grad begrenzen zu wollen, bereits eine **gefährliche Sackgasse** war, die eindeutig auf das Konto der positivistisch geprägten Umweltforschung zurückzuführen ist.

Allein 2022 erlebte die Menschheit schwerste Hurrikans wie im US-amerikanischen Florida, Hochwasserkatastrophen wie in Pakistan mit 33 Millionen und Nigeria mit 1,5 Millionen Obdachlosen, länderübergreifende bis kontinentale Hitzewellen mit Dürren und Bränden nie gekannten Ausmaßes. Am 10. Oktober 2022 warnten UN und das Rote Kreuz gemeinsam, dass durch Hitzewellen in wenigen Jahrzehnten Regionen wie die Sahel-Zone, das Horn von Afrika und in Süd- und Südostasien unbewohnbar werden und weltweit dann jährlich genauso viele Menschen an Hitzewellen sterben werden wie an Krebs.[120] Diese Situation verhindert bereits heute, dass Millionen Menschen in der bisherigen Art und Weise weiterleben können; morgen werden es Milliarden sein!

Bei alledem muss auch in Rechnung gestellt werden, dass sich die Wirkung umweltzerstörerischer Maßnahmen von heute erst Jahrzehnte später voll in der Biosphäre entfaltet.[121] Die Wissenschaftsredakteurin **Marlene Weiß** bilanziert:

---

[120] »UN warnen vor unbewohnbaren Regionen«, tagesschau.de 10. 10. 2022

[121] Katrin Klaus, »Klimaschutz-Maßnahmen wären frühestens 2033 spürbar«, BR Wissen, 9. 7. 2020

»Fünf Jahre nach dem Paris-Abkommen steht fest: Die 1,5-Grad-Grenze ist nicht mehr zu halten. ... Fünf Jahre später wird es Zeit, sich einzugestehen, dass dieser Kampf wohl verloren ist. ... Die Menschheit hatte eine Chance, die schlimmeren Folgen des Klimawandels zu verhindern. Sie hat sie vertan.«[122]

So richtig ihre Kritik an der ewigen Schönfärberei ist, so unberechtigt erklärt Marlene Weiß *»die Menschheit«* schlechthin für schuldig. Nein! Nicht *»die Menschheit«* hat die Chance vertan! Millionen engagierte Umweltkämpfer investierten Kraft und Zeit oder riskierten sogar ihr Leben zur Rettung der Umwelt vor der Profitwirtschaft. Sie alle zu beschuldigen, ist blanke Spurenverwischung!

In Wirklichkeit haben internationale Monopole, die Herrschenden vor allem der imperialistischen Länder, der Menschheit mutwillig ihre **für Mensch und Natur lebensbedrohliche Politik aufgezwungen** und damit sehenden Auges das Leben auf der Erde und die menschliche Existenz gefährdet. Wie kleinkariert und naiv erscheint es erst, wenn der Wirtschafts- und Sozialwissenschaftler **Michael Bilharz**, Mitglied der »Grünen« und seit 2008 mit dem Schwerpunkt »Verbraucheraktivierung und Förderung nachhaltigen Konsums« für das Umweltbundesamt tätig[123], verkündet:

»Natürlich müssen sich auch Wirtschaft und Gesellschaft sehr schnell grundlegend wandeln, wenn wir ab 2030 als Gesellschaft klimaneutral leben wollen. Aber der Punkt ist: Darauf können wir nicht warten. Man kann bereits heute persönlich klimaneutral leben.«[124] *»Ich lebe klimapositiv! ... ohne*

---

[122] Marlene Weiß, »Es ist Zeit für realistische Ziele«, süddeutsche.de 12.12.2020

[123] Michael Bilharz, de.wikipedia.org 24.7.2022

[124] Alexandra Endres, »Michael Bilharz: ›Jede und jeder Einzelne kann tonnenweise CO_2 einsparen‹«, zeit.de 22.10.2021

Autoführerschein ... (und mit) *Lebensmittel*(n) *aus dem Bio-laden«*[125].

Ist es Naivität oder betrügerisches Kalkül, dass sich Michael Bilharz *»ohne Autoführerschein«* *»klimaneutral«* fühlt und auch noch andere für diese Umweltscharlatanerie gewinnen will? So wird allenfalls die **kleinbürgerliche Denkweise mobilisiert**, sich nur noch um den persönlichen Lebensstil zu kümmern, während die gesamtgesellschaftliche Entwicklung ungebremst die Umweltkatastrophe vorantreibt. Hauptsache, die heutigen Gesetzmäßigkeiten der kapitalistischen Produktionsweise werden vertuscht und die Hauptverursacher der Umweltzerstörung aus der Schusslinie genommen.

Nur der revolutionäre **Kampf zur Überwindung des imperialistischen Weltsystems und der Errichtung der vereinigten sozialistischen Staaten** der Welt entscheidet darüber, ob dieser begonnene Prozess der globalen Umweltkatastrophe noch **gedämpft oder gar gestoppt** werden kann. Dazu müssen die breiten Massen mit dem Einfluss des imperialistischen und des kleinbürgerlichen Ökologismus fertig werden.

Der gesellschaftsverändernde Auftrag des proletarischen Ökologismus

Der **proletarische Ökologismus** ist bestimmt durch die dialektisch-materialistische Auffassung der grundlegenden Einheit von Mensch und Natur, von Natur als gesamter universeller Wirklichkeit sowie der engen Wechselbeziehung zwischen Umwelt und menschlicher Gesellschaft sowie von Theorie und Praxis im Umweltkampf. In der wachsenden kapitalismuskritischen Richtung der Umweltbewegung keimt

---

[125] michael-bilharz.de 24. 7. 2022

die Erkenntnis, dass sie **gesellschaftsverändernden Charakter** annehmen muss. *System change, not climate change* wurde zur breit verwendeten Losung bei der Millionen, vor allem junge Menschen umfassenden Bewegung »**Fridays for Future**«. Auch wenn mit diesem Slogan noch die unterschiedlichsten, oft illusionären Vorstellungen verbunden sind, macht er unübersehbar die Suche nach einer grundsätzlichen gesellschaftlichen Alternative deutlich.

Gesellschaftsverändernder Umweltkampf kann sich nur in Verbindung mit einer **weltanschaulichen Strategiediskussion** entwickeln. Sie muss eine massenhafte dialektisch-materialistische Kritik an dem in die Krise geratenen bürgerlichen Ökologismus entfalten und den antikommunistischen Einfluss in der Umweltbewegung überwinden.

Neue **verbindliche Organisationsformen**, die Arbeiterbewegung und Umweltbewegung verbinden, müssen aufgebaut und gestärkt werden, wie es die 2014 gegründete, bundesweit agierende überparteiliche **Umweltgewerkschaft** mit ihren internationalen Verbindungen anstrebt.

Vor allem müssen die Revolutionäre der Welt jeder Weltuntergangsstimmung entgegentreten und **zielstrebig die Meinungsführerschaft unter den Massen erobern**, damit diese sich für eine sozialistische Alternative einsetzen.

Die materiellen Voraussetzungen und die Erkenntnisse einer Gesellschaft in Einheit von Mensch und Natur sind weitgehend ausgereift und der Sozialismus als Wissenschaft ist ausgearbeitet. Aber die winzig kleine Schicht des allein herrschenden internationalen Finanzkapitals behindert ihre Verwirklichung.

Es waren Marx und Engels, die in »Das Kapital« die bis heute fundamentale These aufstellten, dass die kapitalistische Produktion *»die Springquellen alles Reichtums untergräbt: die*

Erde und den Arbeiter.«[126] Sie stellten den Anspruch an die menschliche Gesellschaft, die Erde

»*den nachfolgenden Generationen verbessert zu hinterlassen.*«[127]

Marx betonte, dass nur die genaue Kenntnis und Beachtung der Naturkräfte eine Produktionsweise zum Nutzen für Mensch und Natur ermögliche, und schrieb:

»*Der Mensch kann in seiner Produktion nur verfahren, wie die Natur selbst, d. h. nur die Formen der Stoffe ändern. Noch mehr. In dieser Arbeit der Formung selbst wird er beständig unterstützt von Naturkräften.*«[128]

Dieser Respekt vor Mensch und Natur in der **revolutionären Ökologie von Marx und Engels** ist tatsächlich »erstaunlich zeitgemäß«! Die dialektisch-materialistische Weltanschauung und Denkweise des proletarischen Ökologismus muss zum Kern der systemverändernden Umweltbewegung und zur Grundlage eines zukunftsweisenden sozialistischen Aufbaus werden, befreit von den Fesseln der Profitwirtschaft, des Pragmatismus und des Idealismus der bürgerlichen Ideologie.

Diese sozialistische Gesellschaft folgt der marxistisch-leninistischen Grundauffassung:

»*Der Mensch ist das höchste Produkt der Natur. Seine Geschichte beruht von Anfang an auf der immer höheren Einheit mit der Natur.*«[129]

---

[126] Karl Marx, »Das Kapital«, Marx/Engels, Werke, Bd. 23, S. 530

[127] Karl Marx, »Das Kapital«, Marx/Engels, Werke, Bd. 25, S. 784

[128] Karl Marx, »Das Kapital«, Marx/Engels, Werke, Bd. 23, S. 57/58

[129] MLPD, Programm der marxistisch-leninistischen Partei, S. 53

6. Die Krise des bürgerlichen Ingenieurwesens

Der Gegenstand des Ingenieurwesens ist allgemein die **Anwendung naturwissenschaftlicher Erkenntnisse** vor allem auf die industrielle Produktion. Seine Aufgabe ist ebenso, die praktischen Erfahrungen aus Produktion, wissenschaftlichen Experimenten und gesellschaftlichem Leben für die Höherentwicklung der Produktivkräfte und des gesellschaftlichen Lebens zu verallgemeinern. Das Ingenieurwesen ist kein gänzlich eigenständiger, sondern vielmehr ein in besonderer Weise mit anderen Fachdisziplinen verbundener Wissenschaftszweig.

Die Entwicklung der kapitalistischen Großindustrie ging einher mit der Herausbildung und sprunghaften Ausdehnung des Ingenieurwesens. Einzelerfindungen und Zufallsentdeckungen, wie in der vorkapitalistischen, handwerklichen und kleinbäuerlichen Produktionsweise üblich, reichten nicht mehr aus. Gefragt waren Kenntnisse, wie die industrialisierten Produktivkräfte schnell genug entwickelt werden konnten, um das für den Konkurrenzkampf unverzichtbare Kapital anzuhäufen. Die stete technische Vervollkommnung der kapitalistischen Produktion trieb ihrerseits die Entwicklung der gesamten Naturwissenschaft voran. Dazu schrieb Friedrich Engels:

»Wenn die Technik, wie Sie sagen, ja größtenteils vom Stande der Wissenschaft abhängig ist, so noch weit mehr diese vom **Stand** *und* **den Bedürfnissen** *der Technik. Hat die Gesellschaft ein technisches Bedürfnis, so hilft das der Wissenschaft mehr voran als zehn Universitäten.«*[130]

---

[130] Friedrich Engels, »Engels an W. Borgius«, Marx/Engels, Werke, Bd. 39, S. 205

Das Ingenieurwesen erlebte mit der Entwicklung des Kapitalismus der freien Konkurrenz zum Imperialismus einen qualitativen Sprung. Die industrielle Arbeitsteilung und die Zentralisation der kapitalistischen Produktion entfalteten sich bei gleichzeitiger Anarchie in der Gesamtwirtschaft. Eine konzernweit organisierte Produktion mit der grundlegenden Tendenz zur Internationalisierung von Herstellung und Handel wurde zur neuen Herausforderung an das Ingenieurwesen. Der einheitliche Weltmarkt seit den 1990er-Jahren verschärfte zugleich den Konkurrenzdruck, auf dem höchsten technologischen Niveau möglichst produktiv zu wirtschaften. Diese Entwicklungen erzeugten einen enormen Bedarf an Technikern, Facharbeitern und Ingenieuren.

Damit veränderte sich auch die **Klassenstruktur** in der kapitalistischen Gesellschaft. Es entstand und entwickelte sich die **Schicht der abhängigen technischen Intelligenz**, die im staatsmonopolistischen Kapitalismus sogar zur **bedeutendsten kleinbürgerlichen Schicht** zwischen der Arbeiterklasse und der Kapitalistenklasse gehört. Die Gesamtzahl der Ingenieure stieg in Deutschland von etwa 140 000 im Jahr 1920 auf rund 1,5 Millionen 2019.

Diese veränderte Klassenstruktur ist Ausdruck einer ausgeprägten **Trennung von Kopf- und Handarbeit**, die mit der Herausbildung der Klassengesellschaften begann. Die immer stärkere fachliche Spezialisierung des bürgerlichen Ingenieurwesens durchdrang sich weltanschaulich mit einem Vordringen des Pragmatismus und Positivismus. In dem Maß, wie sie zur allgemeinen Leitlinie der Tätigkeit der Ingenieure wurden, brach die **Krise des bürgerlichen Ingenieurwesens** auf. Sie entfaltet sich wesentlich auf der Basis der zunehmenden Trennung von Hand- und Kopfarbeit, von Theorie und Praxis.

Das Ingenieurwesen als »Handlungswissenschaft«

Der technische Fortschritt entwickelte sich atemberaubend
und schuf grundlegende materielle Voraussetzungen für eine
Gesellschaft ohne Ausbeutung der Lohnarbeit und der natürlichen Ressourcen. Doch unter dem Diktat des internationalen
Finanzkapitals wurde die relative Einheit von Naturwissenschaft und Technik durch die monopolistische Jagd nach Ma-
ximalprofiten immer mehr untergraben, auseinandergerissen
oder auf den unmittelbaren Nutzen reduziert. Der Wikipe-
dia-Artikel zu den »Ingenieurwissenschaften« bringt das zum
Ausdruck:

*»Ziele sind in den Naturwissenschaften das **Erkennen von
Naturgesetzen**, in den Geisteswissenschaften das Verstehen
von Zusammenhängen. In den Ingenieurwissenschaften **dagegen** geht es um das Gestalten der Technik. ... Sie werden
daher auch den **Handlungswissenschaften** zugerechnet, gemeinsam mit der Medizin, den Wirtschaftswissenschaften oder
den Sozialwissenschaften.«*[131]

Als wäre für das *»Gestalten der Technik«* keine zunehmend
tiefere Erkenntnis der Naturgesetze nötig. Zweifellos ist der
Konkurrenzdruck heute so stark, dass die Erforschung der
grundlegenden Gesetzmäßigkeiten immer mehr zugunsten
schneller, pragmatischer Erfolge verdrängt und auf ein Mini-
mum beschränkt wird.

Nach dem Motto »Hauptsache, es funktioniert und bringt
Profit« wird der **Pragmatismus zur allgemeinen Leitlinie**.
Danach sei es gar nicht nötig, Naturgesetze möglichst allseitig
zu erkennen und bewusst anzuwenden. So heißt es im Wiki-
pedia-Artikel weiter:

---

[131] »Ingenieurwissenschaften«, de.wikipedia.org – Hervorhebung Verf.

»Ob ingenieurwissenschaftliches Wissen wahr ist, spielt eine eher untergeordnete Rolle, solange es effektiv ist.«[132]

Ein wachsender Teil des Ingenieurwesens befasst sich mit der Entwicklung von **Kriegstechnik**. Das Ausmaß der Forschung und Entwicklung im Bereich des Militärs nahm seit dem Zweiten Weltkrieg bis heute immer weiter zu. Einzige Ausnahme in dieser Entwicklung waren die 1990er-Jahre nach dem Zusammenbruch der Sowjetunion. 2004 betrug der Anteil der Militärforschung an den staatlichen Forschungsausgaben bereits 30 Prozent.

Die schädlichen Auswirkungen der positivistischen Methode von Versuch und Irrtum

Seit den 1960er- und 1970er-Jahren zeigten sich in der Anwendung verschiedener Techniken verstärkt negative Folgen, die sich besonders auf Mensch und natürliche Umwelt auswirken. Der britische Technikforscher **David Collingridge** entwickelte dazu eine Theorie der Technikfolgenabschätzung, die später als »Collingridge-Dilemma« bekannt wurde.

Nach Ansicht von Collingridge ist es unmöglich, die Folgen einer Technologie schon vor ihrer Einführung richtig einzuschätzen. Als Schlussfolgerung sollten seines Erachtens Entscheidungen *»reversibel, korrigierbar und flexibel sein«*.[133] Es sei dahingestellt, ob dieser Agnostizismus eine Kapitulation vor der Aufgabe ist, durch wissenschaftliche Analyse Technikfolgen zu prognostizieren und gegebenenfalls zu korrigieren oder einfach nur die Rechtfertigung fahrlässigen Handelns aus reiner Gewinnsucht.

---

[132] ebenda

[133] David Collingridge, »The Social Control of Technology«, S. 12 – eigene Übersetzung

Solange die erwünschte Profitmaximierung winkt, ist der Kapitalismus allerdings bereit, nahezu jede Technologie einzusetzen. Eins der bekanntesten Beispiele ist die **Betrugssoftware in der Autoindustrie**: Automonopole bedienten sich im Konkurrenzkampf vor allem mit den US-Monopolen zielstrebig der Ingenieurskunst, um mit betrügerischen Methoden die Verkaufszahlen mit Diesel betriebener Fahrzeuge zu steigern. Sie vertuschten kunstvoll die Luftverschmutzung der Motoren beim Fahren auf der Straße. Die Deutsche Umwelthilfe (DUH) veröffentlichte am 17. November 2022 Dokumente, wonach VW, Daimler, Audi und BMW bereits im Jahr 2006 illegale Abschalteinrichtungen an Bosch in Auftrag gegeben hatten. DUH-Bundesgeschäftsführer **Jürgen Resch** fasst nüchtern zusammen:

*»Nicht einzelne VW-Ingenieure, sondern die Profitgier der vier größten Automobilunternehmen Deutschlands führte zur Entwicklung von insgesamt **44 unterschiedlichen Varianten der Betrugssoftware.**«*[134]

Wohin diese Maxime führen kann, zeigte auch die Entwicklung der **FCKW-Kältemittel**. Neben der beabsichtigten *»effektiven«* Kältewirkung erzeugten sie nach ihrer Verflüchtigung in der Atmosphäre – unerwartet für die Entwickler – das Ozonloch, das sich zu einem Hauptmerkmal bei der Herausbildung der globalen Umweltkatastrophe entwickelt hat.[135] Der Meteorologe **Sven Plöger** schrieb dazu:

»Wir können übrigens sehr froh sein, dass Chlor damals besser und billiger zu bekommen war als das Element Brom. Hätte man nämlich damals nicht FCKW, sondern FBKW … entwickelt, so hätte unser Planet einer Apokalypse wohl kaum

---

[134] »Deutsche Umwelthilfe veröffentlicht interne Dokumente zum Diesel-Abgasskandal«, duh.de 17. 11. 2022 – Hervorhebung Verf.

[135] Stefan Engel, »Katastrophenalarm! Was tun gegen die mutwillige Zerstörung der Einheit von Mensch und Natur?«, S. 93

*entgehen können. ... Das hätte schon Mitte der 1970er Jahre
ein Riesenozonloch zur Folge gehabt, ... über der ganzen Erde.*
**Wir hätten uns auf diese Weise praktisch aus Versehen
selbst vernichtet.**«[136]

Es ist ein Verdienst Plögers, dass er diesen Irrsinn einer
breiteren Öffentlichkeit bekannt machte. Aber statt den Kapitalismus und seinen bornierten Pragmatismus für die mutwillige und fast endgültige Zerstörung der Einheit von Mensch
und Natur anzugreifen, hätten um ein Haar »*wir*« »*aus Versehen*« die Menschheit vernichtet?

Dass das Management der Großindustrie immer noch
so weitreichende Entscheidungen auf Basis von Halbwis-
sen trifft, ohne sich allseitig für die Folgen des praktischen
Handelns zu interessieren, wird zur **Lebensgefahr** für die
Menschheit.

Das Desaster des Großprojekts Stuttgart 21

Mit der Neuorganisation der internationalen Produktion
verstärkte sich der Druck auf internationale Monopole, neue
Formen der Kapitalverwertung zu kreieren. Dazu gehören
überdimensionierte Megaprojekte wie der Bau des Ber-
liner Flughafens BER oder der Elbphilharmonie im Hambur-
ger Hafen.

Insbesondere das Desaster des Projekts **Stuttgart 21** wurde
zum unrühmlichen Beispiel der Krise des Ingenieurwesens.
Es war 2008 in einer groß angelegten Werbekampagne »21
gute Gründe für Stuttgart 21« mit vollmundigen Versprechun-
gen in Szene gesetzt worden.

Doch realistischen Projektplanern ging schnell ein Licht auf.
So berichtete die Zeitschrift Stern schon zwei Jahre später:

---

[136] Sven Plöger, »Zieht euch warm an, es wird heiss!«, S. 167/168 – Hervorhebung Verf.

»Der Stararchitekt Frei Otto, einer der Väter von Stutt-
gart 21, fordert einen Stopp des umstrittenen Bahn-Projektes.
... Man müsse jetzt ›die Notbremse ziehen‹, es gehe ›um Leib
und Leben‹. ... ›Es ist wie bei einer roten Ampel, wenn da einer
durchbraust, muss man ihn aufhalten.‹«[137]

Massenhafte Proteste von Anwohnern, Schülern, Umwelt-
aktivisten, Gewerkschaftern und Bahnexperten mit Zehntausenden Beteiligten, auch in jahrelang regelmäßig stattfindenden Montagsdemonstrationen, forderten den sofortigen Stopp
des geplanten Megaprojekts Stuttgart 21. In einer »Mängel-
liste« fasste später ein Arbeitskreis kompetenter Ingenieure
zusammen:

»Schon 1998 hatte Bahnchef Johannes Ludewig das Projekt
Stuttgart 21 als ›schlicht zu groß und für die Bahn zu teuer‹
bezeichnet und gestoppt. Doch dann griff die Politik ein, denn
man sah die Chance, das durch den unterirdischen Bahnhof
*freiwerdende, zentral **in der Stuttgarter Innenstadt gele-***
***gene Bahngelände mit Immobilien bebauen zu können**.*
Zur Rechtfertigung stellten die Projektbefürworter die objektiv
falsche These auf, der Kopfbahnhof sei an seiner absoluten
Leistungsgrenze angelangt. Und sie verstiegen sich sogar zu
der unseriösen Behauptung, Stuttgart 21 habe gegenüber dem
Kopfbahnhof die doppelte Leistungsfähigkeit. ... Statt einer
ergebnisoffenen verlässlichen Prüfung entschied man sich viel
zu früh quasi unwiderruflich für den Bau des Tiefbahnhofs mit
insgesamt 60 km Zulauftunnels in schwierigstem geologischen
Umfeld.«[138]

Aber der vielfach preisgekrönte Architekt von Stuttgart 21
Christoph Ingenhoven verunglimpfte Kritik und Proteste

---

[137] »Stuttgart 21-Architekt fordert den sofortigen Baustopp«, stern.de
26. 8. 2010

[138] Stuttgart 21-Mängelliste, Stand 12. 4. 2022, ingenieure22.de – Hervorhebung Verf.

überheblich als »*fahrlässige Meinungsmache*«. Arrogant ereiferte er sich:

Die Kritik »*ist einfach nur indiskutabel. Wir haben für den Entwurf dutzende internationale Auszeichnungen bekommen.*« Der Protest »*ist Teil einer älter werdenden Gesellschaft. Die will erhalten, nicht verändern.*«[139]

»Nachvollziehbar« wird aus Ingenhovens elitärem Gehabe allenfalls die besondere weltanschauliche Grundlage der Krise des Ingenieurwesens: ein Architekten- und Ingenieursdünkel, geprägt von abgrundtiefem Idealismus und Metaphysik. Dieser Dünkel folgt der selbstverliebten Illusion, sich die Welt nach den eigenen genialen Entwürfen unterwerfen zu können – losgelöst von ihren objektiven Gesetzmäßigkeiten, den realen Bedingungen des Projekts und den Interessen von Mensch und Natur. Und das, ohne irgendeinen gesellschaftlichen Nutzen nachweisen zu müssen.

Immer neue, komplizierte und zunehmend unlösbare Probleme türmten sich auf. Grobe Sicherheitsmängel, wie die bisher nicht gelöste Frage der Evakuierung der Fahrgäste bei einem Tunnelbrand, wurden aufgedeckt. Zusätzliche Tunnel wurden notwendig, um den Mischverkehr von S-Bahn und ICE zu gewährleisten, der durch den bestehenden Kopfbahnhof noch ohne weiteres möglich war. Die Stuttgarter Innenstadt verwandelte sich für lange Jahre in die Kraterlandschaft einer Großbaustelle. Das Megaprojekt gefährdet das Grundwasser der Region, ebenso die Statik der Gebäude in den Wohngebieten, die untertunnelt werden müssen. Die Fertigstellung rückte von Jahr zu Jahr in weitere Ferne. Das alles zulasten der Anwohner, Pendler und Kleingewerbetreibenden.

Waren anfangs Kosten von 2,5 Milliarden Euro veranschlagt, sind die Baukosten mittlerweile auf über zehn Mil-

---

[139] Ingo Arzt, »Stuttgart-21-Architekt über Proteste – ›Das ist fahrlässige Meinungsmache‹«, taz.de 12. 8. 2010

liarden Euro gestiegen. Ebenso ist inzwischen bewiesen, dass
der Neubau von Stuttgart 21 eine geringere Leistung als der
frühere Kopfbahnhof bringen wird.

Fazit: Ausschließlich zur Erzielung von Milliardenprofiten
wurde dieses Bauprojekt unter aktiver Mithilfe führender
grüner Politiker gegen alle fundierten Einwände und den
massiven Widerstand der Bevölkerung durchgedrückt, wurde
ein umweltpolitisches Desaster verursacht und die Verkehrs-
situation in Stuttgart sogar weiter verschlechtert.

Was ist aber die tiefere Ursache des Desasters von Stuttgart 21? Zutreffend schreibt **Matthias Hümmer** unter dem
Titel »Komplexität und deren Beherrschung in internationalen Groß- und Megaprojekten des deutschen Großanlagenbaus«:

*»Um in diesem ... unsicheren Markt wettbewerbsfähig zu
sein, ist es notwendig, immer größere, technologisch heraus-
fordernde und damit risikobehaftete Groß- und Megaprojekte
mit knapperen Budgets und in kürzeren Abwicklungszeiten
reibungslos in einem internationalen Kontext durchzuführen.
... Es kann festgestellt werden, dass zunehmend Groß- und
Megaprojekte ... **nicht beherrscht** ... werden. ... Man steht
an einem* **Wendepunkt**.«[140]

Die mathematischen Berechnungen der positivistischen Methode in der Planung gehen von Erfahrungswerten aus, die
aber bei **neuartigen** Megabauprojekten nur bedingt verwertbar sind. Das Problem kann auch nicht durch modernste
computergestützte Simulationsprogramme gelöst werden, die
vor allem auf Algorithmen setzen, aber die Neuartigkeit der
Probleme in der Praxis noch nicht kennen können. Hier sind

---

[140] Matthias Hümmer, »Komplexität und deren Beherrschung in internationalen Groß- und Megaprojekten des deutschen Großanlagenbaus«, Zusammenfassung – Hervorhebung Verf.

vor allem Menschen und ihre Gehirne gefragt, die die komplexe Realität erst systemisch und dialektisch untersuchen und entsprechend qualifizieren können und müssen.

Stattdessen werden die vielen Einzelelemente des Großprojekts pragmatisch, vermeintlich effektiv nebeneinander und für sich geplant, ohne den wechselseitigen und allseitigen Zusammenhang ausreichend zu beachten, Erkenntnisse zu bündeln und allseitig einzubeziehen. Wichtige Probleme werden gar nicht erfasst, weil sie bei früheren Bauprojekten noch nicht auftraten, oder sie werden als Störfaktoren bei der Verwirklichung eines Projekts leichtfertig weggeschoben.

Diese Problematik ficht **Sabine Kunst**, die Präsidentin der Universität Potsdam, nicht an, wenn sie den Pragmatismus und die positivistische Methode von Versuch und Irrtum rechtfertigt:

*»Ich denke, dass diese Vorgehensweise – ›open-minded‹[141] und gleichzeitig mit diesem **Pragmatismus** ausgestattet – sehr hilft, ... wo es um Entscheidungen geht, die zum Wohle eines Ganzen zu treffen sind, denn auch das macht man wie in allen Managementstrukturen **auf der Basis einer reduzierten Kenntnis**.«*[142]

Die Universitätsprofessorin Kunst findet es also »hilfreicher«, Entscheidungen *»auf der Basis einer reduzierten Kenntnis«* zu treffen. Das soll der Prinzipienlosigkeit im Ingenieurwesen eine höhere Weihe geben.

Nach all den Fehlschlägen der »reduzierten Kenntnis« gilt im Ingenieurwesen **»agiles Arbeiten«** als neuestes Wundermittel:

---

[141] aufgeschlossen, vorurteilsfrei

[142] Julia Schlingmann, »Die Kunst aus anderen Wissensgebieten zu lernen«, ingenieur.de 28. 6. 2021 – Hervorhebung Verf.

»Strukturen sind in diesem Konzept pragmatisch-flexibel statt dogmatisch-starr, Prozesse folgen aktuellen Notwendigkeiten und sind damit ständig im Fluss.«[143]

Ganz *»pragmatisch-flexibel«* überzieht der Großteil der »agilen« Projekte die Zeitpläne und Budgets oder sie scheitern auf andere Weise an den Problemen, zu deren Lösung sie angetreten waren. Nach der **positivistischen Methode der Falsifizierung** gilt etwas so lange als gültig und richtig, bis es sich in der Wirklichkeit als falsch erwiesen hat. Erst wenn der Fehlschlag mit Händen zu greifen ist und Milliarden auf die Konten der zuständigen Monopole geflossen sind, erfolgt das bedauernde Zugeständnis einer vorherigen Fehlannahme. Die bereits aufgewandten Kosten in Milliardenhöhe werden wiederum zum Vorwand, das Projekt unbedingt zu Ende zu bringen.

Immer öfter stößt der ehrliche Anspruch vieler Ingenieurinnen und Ingenieure, den gesellschaftlichen Fortschritt voranzubringen, unweigerlich an die Grenzen der kapitalistischen Profitwirtschaft und ihrer weltanschaulichen Grundlage, der bürgerlichen Ideologie. Es kommt zu einem wachsenden Widerspruch zwischen Projektplanung und Produktionspraxis. Dazu kommen Auswirkungen der allgemeinen Krisenhaftigkeit des Imperialismus. So häufen sich Störungen der Lieferketten, Mangel an Arbeitskräften infolge der Covid-19-Pandemie, Geldknappheit infolge der spekulationsgetriebenen Hyperinflation, offene politische Krisen, Kriege und regionale Umweltkatastrophen.

Das verklärte Image des Elon Musk

Die bürgerliche Meinungsmache führt geschäftstüchtige Ingenieure gern als Beweis der Fortschrittsfähigkeit des Ka-

---

[143] Arnd Schaff, »New Work und Agiles Arbeiten«, dfk.eu 9.12.2022

pitalismus an. Als einen solchen »Hoffnungsträger« feiert sie
heute mit Vorliebe den Multimilliardär **Elon Musk**, zeitweilig
der reichste Mensch der Welt. Theatralisch schreibt sein Bio-
graf Ashlee Vance:

>*»Musk könnte es durchaus gelingen, der Menschheit neue*
>*Hoffnung zu geben und ihren Glauben daran, was Technologie*
>*für sie tun kann, wieder aufleben zu lassen.«*[144]

Tatsächlich wurden in Musks Unternehmen wie Tesla und
SpaceX in den letzten Jahren bemerkenswerte Fortschritte
in der technologischen Entwicklung erzielt. Sie sind Ergebnis
eines **systemischen Zusammenwirkens von Fortschritten**
in **Materialwissenschaft, Mechatronik, Computertech-
nologie und Software**, durchdrungen von ausgewerteten
Produktionserfahrungen aus der Großindustrie.

Musk praktiziert Ansätze zur Überwindung der Trennung
von technologischer Theorie und gesellschaftlicher Praxis, der
Zersplitterung und Konkurrenz verschiedener wissenschaftlicher Bereiche. Das stärker ausgeprägte systemische Denken
führte zu einem genaueren Blick auf die Gesamtzusammenhänge und dem Anspruch eines höheren Grads der kollektiven
Arbeitsweise in der Produktion. So erklärte Musk 2012 der
Abschlussklasse der Caltech Universität:

>*»Ich habe also Physik und Wirtschaftswissenschaft studiert,*
>*weil ... **man wissen muss, wie das Universum funktio-***
>***niert** und wie die Wirtschaft funktioniert. Und man muss auch*
>*in der Lage sein, eine Menge Leute zusammenzubringen, die*
>*mit einem zusammenarbeiten, um etwas zu schaffen.«*[145]

---

[144] Ashlee Vance, »Elon Musk«, S. 321

[145] Elon Musk, Rede vom 15.6.2012, englishspeecheschannel.com – eigene
Übersetzung, Hervorhebung Verf.

Für die kapitalistische Logik der Missachtung der Arbeiter war es durchaus unkonventionell, welche Rolle Musk ihnen zuschreibt. So berichtet der Autor **Karl-Heinz Land**, dass

»Musk oft mehr auf die Arbeiter am Band höre als auf seine Manager.« So *»werden Entscheidungen und Verantwortung dorthin verlagert, wo sie hingehören, nämlich zu den Menschen und Teams mit dem entsprechenden Wissen und Knowhow.«*[146]

Das ist aber nicht einer vermeintlich arbeiterfreundlichen Denkweise des Elon Musk zuzuschreiben, sondern entspricht schlicht der Entwicklung der revolutionären Produktivkräfte, dass viele Facharbeiter und Ingenieure in ihren Bereichen immer mehr zu besten Kennern, ja Kontrolleuren und Dirigenten der hochautomatisierten und technisierten Produktionsabläufe werden. Doch diese Rolle kann und will die überlebte kapitalistische Gesellschaft der Ausbeutung von Mensch und Natur den Arbeitern niemals geben.

Musk verstand es immer wieder, die Belegschaften mit großen Worten für gesellschaftliche Visionen zu gewinnen und ihre Schöpferkraft auszubeuten:

»Auf der Erde ist unser größtes Problem nachhaltige Energie. ... Wenn wir das in diesem Jahrhundert nicht lösen, sind wir in großen Schwierigkeiten«.[147]

Tesla hat sich tatsächlich eine Vorreiterrolle in der Einführung batterieelektrischer Fahrzeuge erkämpft und damit eine wichtige Grundlage für den massenhaften Ersatz von Verbrennungsmotoren durch – im Antrieb – CO_2-freie Elektromotoren geschaffen.

---

[146] Karl-Heinz Land, »Das Vorbild Elon Musk«, fr.de 11. 7. 2022

[147] Elon Musk, Rede vom 15. 6. 2012, englishspeecheschannel.com – eigene Übersetzung

Allerdings sind diese Fortschritte bei genauerem Hinsehen keineswegs nachhaltig. Das Tesla Top-Modell X ist beispielsweise ein überdimensionierter SUV mit 2,5 Tonnen Gewicht, dessen Umweltbilanz angesichts des Aufwands der Batterieherstellung nur geringfügig besser ist als die eines Fahrzeugs mit Benzinmotor. Allein mit dem Elektroantrieb ist weder dem Verkehrschaos beizukommen, das der Individualverkehr verursacht, noch die CO_2- oder Feinstaubproblematik zu lösen.

13,5 Kilogramm Lithium und ebenso viel Kobalt sind allein für die Batterie eines Elektroautos mit 90 Kilowattstunden nötig. Selbst wenn in Zukunft ein vollständiges Recycling möglich sein sollte, wäre allein der Raubbau an Lithium und Kobalt für die Batterien von einer Milliarde anvisierter Fahrzeuge weltweit eine gewaltige Destruktivkraft. Durch die Fortsetzung der Energieerzeugung mit fossilen Brennstoffen oder Atomkraft wird die vorgebliche Umweltverträglichkeit noch zusätzlich hintertrieben.

Tatsächlich ist nicht die Energiefrage das »größte Problem auf der Erde«, sondern die Existenz des Kapitalismus mit seiner Produktionsweise, die auf der heutigen Entwicklungsstufe den gesetzmäßigen Raubbau an Mensch und natürlicher Umwelt voraussetzt.

Musk nutzt mit seinem progressiven Gehabe schamlos den Wunsch vieler Tesla-Beschäftigter aus, sich mit ihren Forschungen, Plänen und Produkten für Umweltschutz und die Zukunft der Gesellschaft einzusetzen. Zu den wirklichen Verhältnissen in seinen Produktionsstätten heißt es aus einer Tesla-Fabrik,

»im Südosten der Bucht von San Francisco sollen Arbeiter bis zu zwölf Stunden am Stück schuften. Fließbandarbeit ist naturgegeben monoton. Bei Tesla soll sie körperlich besonders

zehrend sein – und auch Musk selbst soll von einer ›Produktionshölle‹ gesprochen haben.«[148]

Aber bedrohlicher als die »*Produktionshölle*« erscheint Musk offenbar die »Hölle« gewerkschaftlicher Organisierung und Interessenvertretung, weshalb er sie in seinen Fabriken mit allen Mitteln zu verhindern sucht.

Auch bei der Errichtung neuer Produktionsanlagen für Tesla-Pkws und Batterien in Brandenburg/Deutschland zeigte sich Musk wenig zimperlich. Er setzte die neue 300 Hektar große Fabrik mit entsprechend hohem Wasserbedarf ausgerechnet in ein Wasserschutzgebiet. Das kann eine der trockensten und wärmsten Regionen Deutschlands in erhebliche Trinkwasserprobleme stürzen. Musk setzt sich selbstherrlich über all die berechtigten Einwände hinweg:

»Diese Region hat so viel Wasser ... schau dich um. ... sieht es hier aus wie in einer Wüste? Das ist lächerlich.«[149]

Die unter jungen Ingenieuren und Technikern verbreitete These:»Wer wie Musk eine gute Idee hatte, hat seinen Reichtum redlich verdient«, folgt einer Legende. Auf gute Ideen kommen Millionen Menschen. Der für seinen Gründergeist verehrte »Privatier« Musk erhält Milliarden aus staatlichen Mitteln. Staatliche Quellen in verschiedenen Ländern zahlten allein im Jahr 2006 für sein SpaceX-Projekt 400 Millionen Dollar »Starthilfe« und 2014 2,6 Milliarden Dollar an SpaceX und Boeing zur Entwicklung der bemannten Raumkapsel.[150]

Elon Musk ist reich, weil er seine besondere Begabung dafür einsetzte, effizient staatliche Gelder abzukassieren, seine

---

[148] Anne-Katrin Schade, »Tesla. 120-Stunden-Woche ist hier nicht, Elon!«, zeit.de 13.11.2019

[149] Christoph Richter, »Teslas ›Gigafactory‹ im brandenburgischen Wasserschutzgebiet«, deutschlandfunk.de 28.10.2021

[150] Moritz Kopp, »SpaceX und die NASA – staatlich-private Kooperation mit Vorzügen«, insidetesla.de 17.3.2022

Belegschaft und die natürliche Umwelt skrupellos auszubeuten, eine Welle der Spekulation für seine Aktien auszulösen und als Pionier bei Elektroautos und mittels dekadentem Zertifikatehandel Extraprofite einzuheimsen.

Erlöse seiner Deals benutzt Musk nicht zuletzt zielstrebig für die **reaktionäre weltanschauliche und politische Einflussnahme auf die Massen**. So kaufte er im Oktober 2022 den Nachrichtendienst Twitter. Kurz darauf feuerte er die Hälfte der 8 000 Belegschaftsmitglieder und alle aus der Chefetage mit einem fortschrittlichen Anspruch, etwa solche, die den Twitter Account von Donald Trump gesperrt hatten. Elon Musk ist in seinem reaktionären Gebaren zweifellos ein idealer Kandidat für einen künftigen Präsidenten des US-Imperialismus.

Ingenieurwissenschaft der Zukunft

Auf der Grundlage einer revolutionären Veränderung zu sozialistischen Verhältnissen ist für die Weiterentwicklung der Produktivkräfte im Ingenieurwesen ein **dialektischer Prozess von Arbeitsteilung und -zentralisation in Forschung, Planung und Produktion** notwendig. Erst das kollektive Arbeiten verschiedener Fachrichtungen unter Führung der Arbeiterklasse – in enger Verbindung von Theorie und Praxis – wird im Sozialismus alle Kenntnisse und Fähigkeiten von Arbeitern und technischer Intelligenz zur Entfaltung bringen.

Alle Seiten der Probleme werden unter der Maßgabe des gesellschaftlichen Nutzens, unter Berücksichtigung aller praktischen Gegebenheiten beachtet und wissenschaftlich auf dem bis dahin höchsten Erkenntnisstand und in engem Austausch mit den Arbeitern untersucht.

Darauf aufbauend muss eine Projektführung diese unterschiedlichen Seiten und Ergebnisse der arbeitsteiligen For-

schung wieder zusammenführen und sie zu einer komplexen
Gesamtplanung der kollektiven Gemeinschaftsarbeit ver-
schmelzen.

Im Sozialismus werden die Ingenieurinnen und Ingenieure
in erster Linie aus der Arbeiterklasse hervorgehen. Fach-
arbeiterinnen und Facharbeiter bilden sich während ihrer
Produktionstätigkeit in enger Verbindung von Theorie und
Praxis weiter. Sie eignen sich dabei die verallgemeinerten
Erfahrungen der Arbeiterklasse in der Produktionstätigkeit,
die allgemeinen Grundlagen in den Naturwissenschaften und
die weltweit fortgeschrittensten Erkenntnisse der Ingenieur-
wissenschaft an und setzen sie im Interesse der Arbeiterklasse und des gesamtgesellschaftlichen Fortschritts ein. Materielle Grundlage sind die Abschaffung der Ausbeutung der
Lohnarbeit, die Einführung einer **sozialistischen Planwirtschaft** und die Wahrung und Höherentwicklung der Einheit
von Mensch und Natur.

7. Das grundlegende Dilemma
der bürgerlichen Medizin

Gegenstand der **Medizin** sind Prävention, Diagnose und
Therapie von Krankheiten.

Die **Geschichte der Medizin** war weltanschaulich von
Beginn an geprägt vom Kampf zwischen Materialismus und
Idealismus. Die Weiterentwicklung der Naturmedizin der
Urgesellschaft in den Sklavenhalter- und Feudalgesellschaf-
ten erfolgte vor allem in Asien (China, Indien, Persien), der
Andenregion und im Mittelmeerraum. Sie basierte wesentlich
auf materialistischen Beobachtungen und der Auswertung von
Erfahrungen mit naturheilkundlichen Methoden und Mitteln.
Allerdings konnten die Menschen auf dem damaligen Niveau

von Wissenschaft und Kultur für Krankheit und Gesundheit kaum mehr als **mystische Erklärungen** finden.

Im Zeitalter des Feudalismus erwarben sich Ärzte anatomische Kenntnisse, als sie trotz strengen Verbots Leichen öffneten und deren Organe untersuchten. Seit dem 18. Jahrhundert entstanden medizinische Fakultäten an Universitäten und ihnen angeschlossenen Kliniken.

Die damals in Ansätzen entstehende wissenschaftliche Forschung und Praxis in der Medizin war von vornherein fachübergreifend ausgerichtet. Sie war gerade dann erfolgreich, wenn die verschiedenen Fachgebiete zusammenarbeiteten. Unter dem Einfluss der Dialektik vertiefte und verallgemeinerte sie die Erkenntnisse und verband sie in der Praxis. Das waren Ansätze einer wissenschaftlichen Grundlage für die Medizin. Dass diese sich nicht zu einer allgemeinen Wissenschaft weiterentwickelten, ist der hauptsächliche Grund, weshalb sich mystische Erklärungen aus der Geschichte der Medizin bis heute halten konnten.

Der Kapitalismus verhindert die Entwicklung der Medizin zur Wissenschaft

Im Lauf der Entwicklung des Kapitalismus zum Imperialismus unterwarfen Politik und Wissenschaft jedoch die Ansätze einer modernen Medizin mehr und mehr ihrem unmittelbaren Nutzen. Dies unter der Leitlinie des Maximalprofits, aber weltanschaulich verbrämt durch allerlei idealistische Rechtfertigungen.

Es entwickelte sich eine charakteristische Widersprüchlichkeit: Die reichhaltige Fülle materialistisch erworbener und bedeutender Einzelerkenntnisse eröffnete bahnbrechende Möglichkeiten, die Gesundheit der Weltbevölkerung zu verbessern. Im Widerspruch dazu konnten sich in der Weltanschauung der Ärzte und Patienten und im praktischen medizinischen Alltag allerlei mystische, halbreligiöse Theorien und Praktiken halten. Idealistische »Schulen« der Medizin eroberten sich mehr und mehr Spielraum, konkurrierten miteinander und rechtfertigten ihren Streit als wissenschaftlichen Disput.

Die **Krise der Medizinforschung** brach auf, sie **verhindert** bis heute die **Herausbildung der Medizin als Wissenschaft**. Das wirkt verheerend als wachsende Unfähigkeit des Imperialismus, ein funktionierendes Gesundheitssystem für die Masse der Menschen auf der Welt zu verwirklichen.

Im Kapitalismus der freien Konkurrenz starben Massen an Tuberkulose, Diphtherie, Cholera und Typhus – Krankheiten, die eng verbunden waren mit ihren schlechten und unhygienischen Lebensverhältnissen. Der berühmte Arzt und Sozialreformer **Rudolf Virchow** schrieb 1848:

»Wer kann sich darüber wundern, dass die Demokratie und der Socialismus nirgend mehr Anhänger fand, als unter den Aerzten?«[151]

Mehr Anhänger fand der Sozialismus zwar auch damals schon in der Arbeiterklasse, aber Virchow erkannte richtig den gesellschaftlichen Charakter der Medizin.

In heftigem Schlagabtausch mit dem Arzt und Bakteriologen **Robert Koch** beharrte Virchow darauf, dass die Quelle der Krankheiten in der gestörten Funktion von Zellen liege, also im Inneren des menschlichen Organismus. Sein Kontrahent Koch vertrat dagegen vehement, dass die Krankheitsursachen nur von außen kommen, wie zum Beispiel im Fall des Tuberkulose-Bakteriums. Die materialistische Dialektik betrachtet aber *»die äußeren Ursachen als Bedingungen der Veränderung*

---

[151] zitiert nach: Axel W. Bauer, »»Die Medicin ist eine sociale Wissenschaft‹ – Rudolf Virchow (1821–1902) als Pathologe, Politiker und Publizist«, 28.9.2004

und die inneren Ursachen als deren Grundlage, wobei die äußeren Ursachen vermittels der inneren wirken.«[152]

Das bewies auch die weitere Erforschung der Infektionskrankheiten: Krankheitserreger als äußere Ursache können erst dann das Immunsystem überwinden, wenn dieses noch keine entsprechende Immunabwehr gegen die neuen Erreger entwickelt hat oder entwickeln kann. Auch soziale Ursachen wie Mangelernährung, Stress ohne Ausgleich, Belastungen am Arbeitsplatz oder in den Familien sowie Umweltgifte schwächen das Immunsystem.

Medizin als Wissenschaft verlangt ein allseitiges, in sich geschlossenes und zugleich lernfähiges dialektisch-materialistisches System auf der Basis der grundlegenden Einheit von **Theorie und Praxis**.

Zur Wissenschaft gehören theoretisch verallgemeinerte und systematisierte wissenschaftliche Erkenntnisse über Gesetzmäßigkeiten und Methoden der Medizin. Ein solcher Fortschritt kann nur in Einheit mit einer praktischen Gesundheitsvorsorge und -fürsorge zum Wohl des Volks entstehen. Die Auswertung der Erfahrungen bildet wiederum die Grundlage, dass die Theorie beständig bereichert, auf höherer Stufe tiefer erforscht, verallgemeinert und weiterentwickelt wird. Davon ist die heutige Medizin – geprägt von der bürgerlichen Ideologie mit ihrem wissenschaftsfeindlichen Positivismus und Pragmatismus, Konkurrenzkampf und Ressortdenken – allerdings Lichtjahre entfernt!

Der dominierende Einfluss der idealistischen und metaphysischen Denk- und Arbeitsweise in der Medizin hat eine Durchsetzung dialektisch-materialistischer Analyse und Synthese bisher verhindert. Hunderte zum Teil einander widersprechende Theorien und Methoden stehen neben- und oft

---

[152] Mao Zedong, »Über den Widerspruch«, Ausgewählte Werke, Bd. I, S. 369

gegeneinander. So schreibt der Schweizer Professor für Innere Medizin, **Johannes Bircher**:

»*Wissenschaftliche und technologische Fortschritte haben sie (die Medizin – Verf.) aber in den letzten Jahrzehnten in eine schwierige Krise hineinmanövriert. Auf der einen Seite kann die Medizin heute soviel wie noch nie in der Geschichte, doch auf der anderen Seite ist ihre Komplexität derart gestiegen, dass sie nicht mehr sachgerecht gehandhabt werden kann.*«[153]

Liegt also die »*nicht mehr sachgerechte*« Handhabung der Medizin an der gewachsenen Komplexität der praktischen und theoretischen Fortschritte?

Bircher analysiert richtig die Krise der Medizin, stellt dann aber Ursache und Wirkung auf den Kopf: Das Problem liegt nicht vor allem in der Komplexität der Erkenntnisse. Der Widerspruch entfaltet sich zwischen der Fülle der Einzelerkenntnisse auf der einen Seite und ihrer fehlenden Systematisierung auf der anderen. Allseitige theoretische Verarbeitung in Einheit mit systematischer praktischer Anwendung, Überprüfung und weiterer Höherentwicklung fallen dem pragmatischen Alltagsgeschäft, Budgetdruck und Ressortdenken zum Opfer. Deshalb bleibt die Medizin bei allen unbestreitbaren wissenschaftlichen Einzelerfolgen im Gerangel der zahlreichen Schulen und Strömungen im wesentlichen **Pseudowissenschaft**.

So ist der **Alltag des kapitalistischen Gesundheitswesens** in der Regel für die Mehrheit der Bevölkerung geprägt von Massenabfertigung, routinemäßiger Behandlung aller nach dem gleichen Schema, ausufernder Bürokratie, Apparatemedizin, Tunnelblick von Spezialisten und Vermarktung

---

[153] Johannes Bircher, »Die Medizin des 21. Jahrhunderts braucht eine neue Identität und neue Prioritäten in der Forschung«, in: Schweizerische Ärztezeitung 2007;88: 46, S. 1970

von Gesundheit als Ware. Krankenhauskonzerne konzentrieren sich auf lukrative Behandlungen, Pharmakonzerne auf Profit bringende Medikamente. International treten die Unterschiede im Gesundheitswesen noch krasser zutage: Den Reichen und Superreichen wird medizinische Behandlung auf höchstem Niveau geboten, während unter den Massen weiterhin Kinder an den einfachsten Infektionskrankheiten sterben und zuweilen nicht einmal eine elementare Gesundheitsfürsorge gewährleistet ist.

An all diesen Erscheinungen entwickelt sich eine berechtigte Kritik aus der Bevölkerung und von Beschäftigten im Gesundheitswesen. Doch letztendlich sind sie nur Symptome eines kranken Systems!

Die Krise der bürgerlichen Medizin und ihrer metaphysischen Methode

Die vielfältigen metaphysischen Methoden der bürgerlichen Medizin sind nicht mehr als ein notdürftiges Krisenmanagement und vertiefen letztendlich die Probleme.

Erstens legen in einem teils **absurden Regelwerk** in Deutschland Staat und Krankenkassen **Quoten und starre Begrenzungen** für medizinische Behandlungen fest, verbunden mit der Drohkulisse, dass der Arzt darüber hinausgehende Behandlungen nicht vergütet bekommt, sondern selbst bezahlen muss. Der Arzt muss die rigorosen Regelungen bei seiner Verordnung von Medikamenten und Heilmitteln einhalten – unabhängig davon, was seine Patienten tatsächlich benötigen.

Zweitens werden in der Forschung nur **Teilerkenntnisse** statt systemischer Untersuchung der Gesamtzusammenhänge betrieben. Längst existieren brillante wissenschaftliche Erkenntnisse der Molekularbiologie, der Labormedizin und auch neue Operations- und bildgebende Verfahren, die helfen könnten, die Überlebenszeit vieler Krebspatienten zu verlängern. Doch unter dem Einfluss der Metaphysik der bürgerlichen Ideologie bleibt die Krebsforschung bis heute bei Teilforschungen und -erkenntnissen stehen. Gleichzeitig wachsen sprunghaft die Faktoren an, die Krebs verursachen.

Jährlich bekommen fast 500 000 Menschen in Deutschland eine Krebsdiagnose und rund 240 000 sterben an Krebs. Professor **Michael Baumann** vom Deutschen Krebsforschungszentrum (DKFZ) warnt vor einem *»Tsunami an Krebserkrankungen«* in der Zukunft. Bei seiner Suche nach den Ursachen dieser Entwicklung führt er

*»den erwarteten Anstieg nicht nur auf die **demografische Entwicklung** zurück, sondern auch auf den **Lebensstil**. Als Beispiel nannte er das Rauchen und Übergewicht.«*[154]

Es ist unumstritten, dass nicht nur die längere Lebenserwartung die Krebsrate erhöht, sondern auch Rauchen, übermäßiger Alkoholkonsum, ungesunde Ernährung oder Bewegungsmangel zu wesentlichen Risikofaktoren gehören. Ganz und gar unseriös sind jedoch die Theorien, die die allgemeinen Lebens- und Arbeitsverhältnisse sowie die Zerstörung der natürlichen Umwelt bei der Ursachenforschung weitgehend ausblenden.

So gibt es bis heute keine einzige anerkannte Studie über das Verhältnis von ererbten Krebsursachen, Einflüssen des Lebensstils und Umwelteinflüssen im engeren Sinn, geschweige denn über ihre Wechselwirkungen. Das zeigt, wie sehr die medizinische Erforschung der Krankheitsursachen in der Krise ist.

Die **positivistische Lehrmeinung** fordert sogar ausdrücklich, **sich auf die Beschreibung und pragmatische Be-**

---

[154] »Forscher rechnen mit starkem Anstieg von Krebserkrankungen«, aerzteblatt.de 29. 7. 2019 – Hervorhebung Verf.

handlung von Erscheinungen zu beschränken. Eine dialektische Analyse müsste systemisch die qualitativen Sprünge der Umwandlung gesunder Körperzellen in Krebszellen untersuchen als Übergänge in einen zerstörerischen Stoffwechsel. Dabei geht die Fähigkeit zur Apoptose verloren, das heißt, dass der Körper selbst sich erfolgreich gegen erkrankte Zellen wehrt und sie abtötet. Krebszellen haben die gefährliche Eigenschaft erworben, in andere Gewebeschichten oder sogar Organe hineinzuwachsen und diese zu schädigen. Dialektische Erklärungs- und Behandlungsansätze müssten weiterverfolgt werden, besonders um herauszufinden, wie dieser qualitative Sprung verhindert und gestoppt oder sogar rückgängig gemacht werden kann.

Drittens verhindern **starre Leitlinien und Quoten** eine Therapie, die sich tatsächlich an den Bedürfnissen der Patientinnen und Patienten orientiert.

Medizinische Leitlinien sowie gesetzliche und von Krankenkassen festgelegte Standards sind geprägt von Pragmatismus und Positivismus.

Die Leitlinie »Prävention und Therapie der Adipositas« nennt zum Beispiel als Ursachen für krank machendes Übergewicht:

»• *familiäre Disposition, genetische Ursachen • Lebensstil (z. B. Bewegungsmangel, Fehlernährung) • ständige Verfügbarkeit von Nahrung • Schlafmangel • Stress • depressive Erkrankungen • niedriger Sozialstatus • Essstörungen ... • andere Ursachen (z. B. ... Schwangerschaft, Nikotinverzicht)«.*[155]

Das ganze Konglomerat an tatsächlichen oder behaupteten Ursachen konzentriert sich ausschließlich auf das individuelle Verhalten. Das treibt regelrechte Blüten, wenn sogar

---

[155] Interdisziplinäre Leitlinie der Qualität S3 zur »Prävention und Therapie der Adipositas«, April 2014, S. 17

»Schwangerschaft« und *»Nikotinverzicht«* zu *»Ursachen«* erklärt werden. Also weiter rauchen und auf Kinder verzichten als Vorbeugung und Behandlung der Adipositas? Bei aller berechtigten Betonung der persönlichen Verantwortung darf der gesellschaftliche Gesamtzusammenhang nie ausgeblendet werden:

Die kapitalistische Nahrungsmittelindustrie erzeugt ganz bewusst Süchte durch hohen Gehalt an Zucker, Süßstoffen, tierischen Fetten und Salz. Dem dient aggressive Werbung, um zum Konsum zuckerhaltiger Waren zu verleiten. Umweltgifte wie Bisphenol A (BPA), die hormonell auf die Fetteinlagerung wirken, werden in Verpackungen eingesetzt. Unregelmäßige Erhol- und Essenszeiten begünstigen Übergewicht zusätzlich, besonders bei Schichtarbeit, ebenso die weitreichenden Kürzungen oder gar Streichungen von Mitteln für den Schul- und Breitensport und vermehrte Schließungen öffentlich zugänglicher Sportstätten.

Viertens wird unter dem Oberbegriff der **»Evidenzbasierten Medizin«** (EbM) die metaphysisch-idealistische Methode festgeschrieben. Dieser Positivismus hat in Deutschland sogar verbindlichen Charakter. Im Sozialgesetzbuch ist das für alle Akteure im Gesundheitswesen vorgeschrieben.[156] Laut Medizin-Lexikon

»bezeichnet Evidenz (in der Medizin) den empirisch erbrachten Nachweis des Nutzens einer diagnostischen oder therapeutischen Aktion.«[157]

Gut ist also, was empirisch einen unmittelbaren Nutzen nachweisbar macht! Schon Friedrich Engels bemerkte zu diesem Problem:

---

[156] §§ 137 e, f, g, 266 SGB V
[157] DocCheck Flexikon, »Evidenz«, flexikon.doccheck.com 3.2.2013

»Es zeigt sich hier handgreiflich, welches der sicherste Weg von der Naturwissenschaft zum Mystizismus ist. Nicht die überwuchernde Theorie der Naturphilosophie, sondern die allerplatteste, alle Theorie verachtende, gegen alles Denken mißtrauische Empirie.«[158]

Die evidenzbasierte Medizin ist unter anderem auf »**Metaanalysen**« konzentriert. Dabei handelt es sich um ein **rein statistisches Verfahren** der zusammenfassenden Bewertung verschiedener Studien zum gleichen Thema. In der weltweit größten medizinischen Literaturdatenbank Pubmed sind Artikel aus weltweit mehr als 5 200 medizinischen Fachzeitschriften aufgelistet, inzwischen mehr als 34 Millionen Datensätze mit einem Zuwachs von mehr als 1,2 Millionen im Jahr 2021.

John Ioannidis[159] gilt als Papst der Metaanalyse. 2017 schrieb er in einem für diese Mediziner-Elite ungewöhnlichen Anfall von kritischer Reflexion in einem »offenen Brief«:

»Ich frage mich oft: Was für Monster haben wir da erschaffen? ... Wir bejubeln Leute, die gelernt haben, Geld aufzusaugen, ihre Arbeit mit der besten PR aufzublasen, immer bombastischer und weniger selbstkritisch zu werden. Das sind die wissenschaftlichen Helden des 21. Jahrhunderts.«[160]

Ioannidis deckte auch auf, dass die Studien und Metaanalysen oft methodisch unsauber und von Wissenschaftlern verfasst sind, die von Industrien gekauft sind, die Pharmazeutika und medizinische Geräte produzieren:

---

[158] Friedrich Engels, »Dialektik der Natur«, Marx/Engels, Werke, Bd. 20, S. 345

[159] Professor für Medizin, Epidemiologie und Bevölkerungsgesundheit an der Stanford University

[160] John Ioannidis, »Evidence-based medicine has been hijacked: a report to David Sackett«, jclinepi.com 2. 3. 2016 – eigene Übersetzung

»Die Industrie führt einen großen Teil der einflussreichsten ... Studien durch. Sie führen sie sehr gut durch, sie schneiden auf den ›Qualitäts‹-Checklisten besser ab, und sie veröffentlichen ihre Ergebnisse schneller als nicht-industrielle Studien. Nur stellen sie oft die falschen Fragen mit ... den falschen Analysen, den falschen Erfolgskriterien ... und den falschen Schlussfolgerungen, aber wen interessieren schon diese kleinen Pannen?«[161]

Deutlich wird die Gefährlichkeit der »evidenzbasierten« Methodik am Beispiel der **Antibabypille** der dritten und vierten Generation. Ihre Evidenz, also ihr Nutzen, eine Schwangerschaft zu verhindern, ist nachgewiesen. Doch anders als frühere Generationen können diese Mittel gehäuft Thrombosen (Blutgerinnsel) und dadurch lebensbedrohliche Embolien (Verstopfung von Gefäßen) auslösen, nachgewiesen besonders bei Mädchen und jungen Frauen. Seit 2001 weist die Europäische Arzneimittel-Agentur auf diese Problematik hin. Wider besseres Wissen entschied sie aber 2013/2014, dass die Präparate auf dem Markt blieben.

Hier wurde das Evidenzprinzip zur Perversion getrieben: So kritisierte die Vorsitzende des Arbeitskreises Frauengesundheit, **Ingrid Mühlhauser**, berechtigt, dass diese schädlichen Pillen *»über Jahre verordnet* (wurden)*, obwohl Studien fehlten, die eine Abschätzung des Thromboserisikos erlaubt hätten.«*[162] Wo keine empirische Studie existiert, da darf auch keine Gefahr sein! Das Interesse der Pharmakonzerne ist durchsichtig: Die neuen Pillen lassen sich zu höheren Preisen vermarkten, zumal sie in der Werbung demagogisch als Nebeneffekte weniger Pickel, größer werdende Brüste und eine schlanke Figur versprechen.

---

[161] ebenda

[162] Ingrid Mühlhauser, »Pille zur Verhütung: Verordnungsanteil risikoreicher Präparate nach wie vor hoch«, arbeitskreis-frauengesundheit.de 9.12.2020

Seitdem die Krankenkassen in Frankreich die Kosten der Pillen der dritten und vierten Generation nicht mehr erstatten, mussten dort 11,2 Prozent weniger 15- bis 49-jährige Frauen wegen einer Lungenembolie in die Klinik. In Deutschland bekommt nach einem AOK-Bericht[163] von 2020 weiterhin über die Hälfte der jungen Frauen und Mädchen die risikoreichere Variante verordnet.

Fünftens gehört die **bornierte Aufsplitterung in Spezialfächer** zu den charakteristischen metaphysischen Methoden der bürgerlichen Medizin.

Das führt dazu, dass sich ein Kardiologe häufig nur noch mit Herz- und Kreislauf-Krankheiten befasst, ein Fußchirurg mit Füßen. Wenn das Wissen explodiert, ist zweifellos eine bestimmte Spezialisierung sinnvoll. Ohne erneute Zusammenführung der Erkenntnisse der jeweiligen Fachgebiete verkommt diese Spezialisierung jedoch zum Nebeneinander und Gegeneinander, zu Konkurrenz und Einseitigkeiten in Diagnose und Therapie. Auch engagierte Ärzte kritisieren die Atomisierung der Medizin.

Die hauptsächliche Methode der metaphysisch-positivistischen Therapien der bürgerlichen Medizin beruht heute auf **angenommenen einfachen Kausalitäten**. So werden gegen Schmerzen Schmerzmittel, gegen Bluthochdruck Blutdrucksenker und gegen Depressionen Antidepressiva verschrieben. Oft wird nicht einmal der Versuch unternommen, allseitig zu untersuchen, woher die Schmerzen, der Bluthochdruck oder die Depressionen rühren und worin das Wesen und die inneren und äußeren Zusammenhänge dieser Krankheiten bestehen.

---

[163] »Pille zur Verhütung: Verordnungsanteil risikoreicher Präparate nach wie vor hoch«, aok-bv.de 28. 7. 2020

Kaum erforscht und beachtet werden die negativen Wechselwirkungen aufgrund der gleichzeitigen Gabe unterschiedlicher Medikamente gegen verschiedene einzelne Symptome.

Vom Standpunkt der kapitalistischen Medizin macht diese **metaphysische Methode** durchaus Sinn, weil sie ihr einen unendlichen, äußerst lukrativen Markt beschert. Krankheiten sind vom Standpunkt der Pharmamonopole ein Markt für ihre Produkte und möglichst eine Goldgrube zu ihrer Bereicherung. Die weitgehende Privatisierung des staatlichen Gesundheitswesens im Rahmen der Neuorganisation der internationalen Produktion machte die Produktion von Pharmazeutika zu einer Maximalprofit bringenden Kapitalanlage.

Die globalen Ausgaben für Medikamente summierten sich 2020 auf 1,27 Billionen US-Dollar.[164] Unter dem Diktat der Monopole sind die medizinische Forschung, die Organisation des Gesundheitswesens und die Verteilung der Medikamente wesentlich auf den Erhalt und die Erweiterung dieses Markts ausgerichtet. Das sind die ökonomischen Fesseln des kapitalistischen Medizinbetriebs. Aufgrund all dieser Merkmale bleibt es letztlich dem Geschick, dem persönlichen Einsatz, der Erfahrung und der mehr oder weniger wissenschaftlichen Methode des einzelnen Arztes überlassen, wie er mit den vielfältigen, einander zum Teil widersprechenden Erkenntnissen, Vorgaben und Erfahrungen in der Praxis umgeht, wie er sich durch den medizinischen Paragrafendschungel schlägt.

Bei einem solchen Zustand der Medizin ist die Fehlerquote relativ groß. Deshalb suchen immer mehr Menschen nach Alternativen, ertragen Erkrankungen, die sich längst behandeln ließen oder versterben unnötig früh.

---

[164] de.statista.com 28. 10. 2022

Der folgenschwere Irrtum zweier Nervensysteme

Eine Lehrmeinung der bürgerlichen Medizin lautet, dass es neben dem zentralen Nervensystem (Gehirn, Rückenmark) ein weiteres »**autonomes**« **Nervensystem** gibt, *»dessen Funktionen weitgehend unbewusst bleiben. Es verbindet das zentrale Nervensystem mit nahezu allen Körperorganen.«*[165] Diese metaphysische Gegenüberstellung geht noch weiter mit der Annahme einer starren Trennung von Sympathikus und Parasympathikus[166] im »autonomen« Nervensystem.

Tatsächlich sind die angeblichen zwei Nervensysteme nur unterschiedliche Seiten **eines einheitlichen Nervensystems**, das den menschlichen Körper reguliert. Sie spiegeln Einheit und Kampf der Gegensätze im Nervensystem wider. Das ist eine materielle Grundlage für die **dialektische Einheit des Nervensystems** mit dem gesamten Organismus in allen seinen Funktionen, von Sein und Bewusstsein, von Denken, Fühlen und Handeln.

Die evolutionäre menschliche Entwicklung vollzog sich in Wechselwirkung von *»Produktion und Reproduktion des unmittelbaren Lebens«*, das heißt *»durch die Entwicklungsstufe einerseits der Arbeit, andrerseits der Familie.«*[167] Das war verbunden mit der Notwendigkeit, dass sich Bewusstsein und Gefühle entwickeln und gleichzeitig elementare Organfunktionen wie Atmung oder Herzschlag weitgehend spontan im Sinn der Selbstregulation gesteuert werden.

---

[165] ANS-Ambulanz, Uni-Klinik Aachen, ukaachen.de 16.8.2022

[166] Sympathikus-Aktivierung steigert Muskeldurchblutung, Herzfrequenz und Blutdruck (Kampfmodus), Parasympathikus wirkt entgegengesetzt und steigert die Durchblutung der Bauchorgane und die Regeneration (Verdauungsmodus).

[167] Friedrich Engels, »Der Ursprung der Familie, des Privateigentums und des Staats«, Vorwort zur ersten Auflage 1884, Marx/Engels, Werke, Bd. 21, S. 27/28

Damit entwickelte sich aber auch die Fähigkeit, sich diese Prozesse immer besser bewusst zu machen und sie innerhalb gewisser Grenzen auch als Ergebnis eines bewussten Trainings zu beeinflussen. Es gibt kein menschliches Gefühl, das nicht vegetative und spontane Reaktionen als wesentlichen Bestandteil hätte. Wenn man etwas »zum Kotzen findet«, verkrampft sich der Magen tatsächlich, das Herz kann »vor Freude hüpfen«. Sich die eigenen **Gefühle** als beweglichste Elemente der Denkweise **bewusst zu machen**, sie auch bewusst zu beeinflussen und gegebenenfalls zu verändern, ist ein besonders produktiver Bestandteil jeder wirksamen Selbstkontrolle und schöpferischen Selbstveränderung. Prinzipiell kann das jeder Mensch lernen und trainieren.

Die bürgerliche Ideologie spaltet dagegen den Bereich der Gefühle und der Selbstregulation vom Bewusstsein ab und erklärt sie für »autonom«. Vor allem leugnet sie, dass Gefühle – ebenso wie das Denken und Handeln – vom Klassenstandpunkt geprägt und nicht an sich »wahr« oder »elementar« sind.

Neben der vorherrschenden **Trennung von Mensch und Umwelt** in der bürgerlichen Medizin und Ökologie gehört die **Trennung von materiellem Körper und dem »immateriellen Geist«** oder der Psyche zu den Irrlichtern der bürgerlichen Medizin, die zweifellos für viele ungelöste Probleme und Fehlentwicklungen im Gesundheitswesen verantwortlich sind.

Doch allein schon ihre materialistisch erworbenen Einzelerkenntnisse lassen das große Potenzial einer wissenschaftlichen Medizin zum Nutzen der Menschheit erkennen. Das wurde im Kampf gegen die Covid-19-Pandemie mit der historisch einmalig schnellen Entwicklung neuartiger **mRNA-Impfstoffe** deutlich. Dazu schreiben die Verfasser des Buchs »COVID-19 – neuartig, gefährlich, besiegbar!«:

»Das Revolutionäre an den neuen Impfstoffen ist, dass die Wechselwirkung zwischen Viren und Zellen genutzt wird, um

das Virus zu überlisten. Im Gegensatz zu den herkömmlichen Impfstoffen wird dem Körper statt des Virus nur eine genetische Teilinformation des Virus gespritzt. ... Dieses löst dann die Immunantwort mit Antikörpern und immunaktiven Zellen aus, die das Virus gezielt eliminieren, wenn man sich infiziert hat.«[168]

Die Ärztegruppe weist jedoch auch darauf hin, dass das bürgerliche Krisenmanagement, vertuschende Dokumentation von Problemen, Impfschäden oder Langzeitfolgen der Krankheit das revolutionäre Potenzial und die Wirkungen dieser neuen Errungenschaften für die Menschheit gefährlich unterminieren.

Die Krise der bürgerlichen Medizin und ihre reaktionäre Weltanschauung hemmen in unverantwortlicher Weise das große Potenzial ihrer unzähligen Einzelerkenntnisse für die Gesundheit der Massen der Welt. Diese Erkenntnis muss zu einem Motor des Kampfs um eine **wissenschaftliche Medizin im Sozialismus** werden.

8. Der Mythos der »alternativen Medizin«

Viele Menschen kritisieren zu Recht das kapitalistische Gesundheitssystem und haben den berechtigten Wunsch, als »ganzer Mensch« gesehen und behandelt zu werden. Daraus entwickelte sich ein enormer Zulauf zur »**alternativen Medizin**«: Schätzungsweise 4,3 Millionen Patienten in Deutschland lassen sich heute nur von »Alternativmedizinern« behandeln.[169] Tatsächlich haben viele positive Erfahrungen gemacht

---

[168] Günther Bittel, Willi Mast, Günter Wagner, »COVID-19 – neuartig, gefährlich, besiegbar!«, 3. Auflage, Januar 2021, S. 108

[169] presseportal.de 27.5.2020

mit Behandlungsmethoden aus der Naturheilkunde, mit dem Versuch einer allseitigen Erfassung der Krankheits(vor)geschichte oder erprobten Methoden traditioneller Medizin wie Heilfasten, Kneipp-Anwendungen, Akupressur, Massage oder manuelle Therapie, Heilkräuter, Yoga oder Qigong.

Viele naturheilkundliche Methoden sind in der Praxis erfolgreich. So beruht die Wirkung der progressiven Muskelentspannung nach **Edmund Jacobson** nicht zuletzt auf der bewusst angewandten Dialektik von Anspannung und Entspannung. Erfolgreiche Methoden stammen oft aus dem **jahrhundertealten Erfahrungsschatz der Völker**.

Allerdings sind diese Methoden oft nicht wissenschaftlich erforscht und ist ihre **weltanschauliche Grundlage** oft weitgehend idealistisch oder mystisch. Der Glaube an ihre Wirkung wird reaktionär, wenn sie mit elitären Theorien verbunden oder umfassend mit idealistischen Weltbildern verbreitet werden.

Unter »alternativen« Heilsystemen stechen drei besonders hervor: die **Homöopathie**, die **anthroposophische Medizin** und die **Akupunktur**.

Zur **Akupunktur** gibt es über 39 000 englischsprachige Fachpublikationen in der Datenbank PubMed[170], die eine Wirksamkeit bei Leiden wie Rückenschmerzen nachweisen. In solchen Fällen wird die Behandlung sogar von den Krankenkassen bezahlt.

Aber es ist eine besondere Blüte der Willkür und Geschäftstüchtigkeit im kapitalistischen Gesundheitswesen, dass die gleiche Behandlung bei Schmerzen der Halswirbelsäule, Kopfschmerzen oder Beschwerden der Schultergelenke in die »Selbstzahler-Medizin« eingeordnet wird.

---

[170] pubmed.ncbi.nlm.nih.gov 19.10.2022

Folgende bürgerliche Definition der theoretischen Grundlage der Traditionellen Chinesischen Medizin (TCM) und damit auch der Akupunktur ist typisch:

»Grundlagen der TCM sind philosophische Lehren, die teilweise auf den berühmten Konfuzius zurückgehen. So sollen beispielsweise die Prinzipien der Fünf-Elemente, Yin und Yang oder die Lebensenergie Qi die gesamte Natur und damit auch den menschlichen Organismus beherrschen. Die Annahme: Entstehen hier energetische Ungleichgewichte, wird ein Mensch krank.«[171]

Konfuzius, der Hof-Philosoph der grausamen chinesischen Sklavenhalterdiktatur des sechsten Jahrhunderts vor unserer Zeitrechnung, als Krönung medizinischer Erkenntnis und Wissenschaft? In der Tat erfasst die TCM Gegensatzpaare wie Ruhe und Aktivität, Kälte und Hitze, Mangel und Fülle. Diese finden sich dann in der Abstraktion des Gegensatzpaares Yin und Yang wieder. Vor Hunderten von Jahren war das eine Teilerkenntnis der Dialektik der Natur – allerdings idealistisch begründet.

Warum soll die Medizin zu uralten idealistischen Konstrukten wie einem *»die gesamte Natur beherrschenden Qi«*, also einer von der Materie losgelösten »geistartigen Energie«, zurückfallen? Oder zu dem mystischen Bild, dass Krankheiten nur durch *»energetische Ungleichgewichte«* entstehen?

Obwohl seit Anfang der 1970er-Jahre die Anwendung der Akupunktur zunehmend naturwissenschaftlich erforscht und entmystifiziert wurde, bleibt vieles bis heute rein empirisch, hat noch keine allseitige wissenschaftliche Begründung.

---

[171] »Traditionelle Chinesische Medizin«, mylife.de 15. 8. 2022

Der Wissenschaftsjournalist **Colin Goldner**[172] schüttet jedoch das Kind mit dem Bad aus, wenn er daraus schlussfolgert:

*»Tatsache ist: es liegt bis heute nicht der geringste Hinweis
auf die Existenz irgendwelcher Energiekanäle vor, die den
Körper durchzögen; ... Ein System an Punkten auf der Hautober-
fläche, über deren Nadelung (oder sonstige Manipulation)
organismisches Geschehen in einer Weise beeinflusst werden
könnte, wie die Akupunkteure sich das vorstellen, gibt es
nicht.«*[173]

Die hunderttausendfach positiven praktischen Erfahrungen
der Patienten mit dieser Methode spielen für Goldner keine
Rolle. Dabei argumentiert er selbst positivistisch mit der evidenzbasierten Medizin.

Es ist aber von vornherein zum Scheitern verurteilt, wenn
eine komplizierte Frage wie die nach den dialektischen
Zusammenhängen zwischen Haut, Nervensystem, Muskeln,
Organen, Knochen und Gehirn mit rein positivistischen Ver-
gleichsstudien beantwortet werden soll. Diese widerlegen tatsächlich die idealistische Theorie der Energielinien – beweisen
aber nicht, dass Akupunktur-Behandlungen unwirksam sind.

Die bisher **unerklärte Wirksamkeit** sollte statt einfacher
Negation idealistischer Erklärungsmuster Ansporn geben zur
Suche nach einer wirklich wissenschaftlichen Ergründung.
Es gibt viele wirksame Heilverfahren, die auf positiven Erfahrungen aus mehreren Jahrzehnten oder gar Jahrhunder-
ten beruhen. Sie aus dem Gesamtsystem zu verbannen, weil
die Ursachen ihrer Wirkung noch nicht erkannt sind, wäre
absurd. Das eigentliche Problem ist die fehlende wissen-

---

[172] Colin Goldner hat Psychologie und Sozialpädagogik studiert. Er ist Mitglied im wissenschaftlichen Beirat der »Offenen Akademie«.

[173] Colin Goldner, »Alternative Diagnose- und Therapieverfahren«, S. 28

schaftliche Grundlage der Medizin, die helfen könnte, wirksame Heilverfahren materialistisch zu ergründen.

Die alternative Medizin als Spielwiese für Scharlatanerie und reaktionäre Heilslehren

Unter dem Schlagwort der »Integration« der verschiedenen Heilmethoden nahm die Medizin eine zunehmend pragmatische Haltung zur **willkürlichen Kombination verschiedener Heilmethoden** ein. Ein wesentliches Ziel dabei war die Eindämmung des grassierenden Vertrauensverlusts in Schulmedizin und kapitalistisches Gesundheitssystem.

Begriffe wie »Integrative Medizin« oder »Komplementärmedizin« verschleiern jedoch, dass neben **praktisch** erprobten naturkundlichen Heilmethoden **pseudowissenschaftliche idealistische Heilsysteme Eingang in Forschung und Lehre** finden. Darin gipfelt die weltanschauliche Kapitulation der bürgerlichen Medizin und ihres positivistischen Wissenschaftsbegriffs vor Aberglauben, Mystik und Wissenschaftsfeindlichkeit.

Die Kombination praktischer Erfolge mit idealistischen Konstrukten zu ihrer Begründung mobilisiert die kleinbürgerliche Denkweise und macht auch die Massen anfällig für »ganzheitlich« oder »alternativ« präsentierte Scharlatanerie und reaktionäre Heilslehren. Dazu gehören unter anderem die Esoterik, die Homöopathie, die angeblichen spirituellen Kräfte des Schamanismus mit Verbindungen zu »Mächten im Jenseits« sowie einige der Heilpraktiker-Methoden.

Die Esoterik – eine reaktionäre Scharlatanerie

Unter **Esoterik** wird eine weltanschauliche Strömung verstanden, die »*durch Heranziehung okkultistischer, ... meta-*

*physischer u. a. Lehren und Praktiken auf die Selbsterkenntnis
und Selbstverwirklichung des Menschen abzielt«.*[174]

Sie ist laut Selbstdefinition *»nur einem begrenzten Personenkreis zugänglich«.*[175] Damit hat die Esoterik schon ihre
Begründung bei Misserfolgen mitgeliefert: Du gehörst zum
falschen Personenkreis!

Ein exponierter Vertreter der Esoterik ist der Arzt und
Psychotherapeut **Ruediger Dahlke**. In seinem Buch »Krebs
– Wachstum auf Abwegen« verlegt er die Hauptursache von
Krebs in die Welt der Psyche, in unverarbeitete Konflikte und
Fehlverhalten:

*»Ist das Gleichgewicht zwischen Körper und Seele gestört,
muss der Organismus ausbaden und austragen, was die Seele
nicht mehr als ihre Aufgabe wahrnehmen kann. Von ihr gehen
offenbar die entscheidenden Signale aus, das Thema dann we-
nigstens auf der Körperebene deutlich zu machen.«*[176]

Und weiter: *»Das körperliche Geschehen ist folglich immer
Ausdruck eines dahinterliegenden seelischen Inhalts.«*[177]

Aus der Therapie der Seele erwachse dann mit der Zeit
Stärke und die führe zu einem »erlösten Krankheitsbild«. Die
Erlösung werde beispielsweise erreicht über die von Dahlke angebotene »Schattentherapie«, »Reinkarnationstherapie«
oder »astrologische Symboltherapie«.

Dahlke sieht den Körper lediglich als *»Chance …, mehr über
unsere Seele und ihre Aufgaben zu erfahren … Das Vorrecht
der Unsterblichkeit kommt nur der Seele zu.«*[178]

[174] »Esoterik«, duden.de 3.9.2022

[175] »5 Fragen an … Dr. Claudia Barth«, report-psychologie.de 3.9.2022

[176] Ruediger Dahlke, »Krebs – Wachstum auf Abwegen«, S. 11

[177] ebenda, S. 39

[178] Ruediger Dahlke, »Der Körper als Spiegel der Seele«, S. 13

Was soll denn diese außerhalb des Körperlichen stehende Seele sein? Reiner Geist, der angeblich auch noch unsterblich ist, also noch weiter existiert, wenn es keinen menschlichen Körper mehr gibt? Da ist es nicht weit zum Heiligen Geist der Bibel oder zu dem Mythos, dass unsere Ahnen stets mitten unter uns weilen würden.

Die Erfahrung, dass belastende Erlebnisse belastete Gefühle hervorbringen, auf Organfunktionen wirken und das Immunsystem schwächen können, ist zweifellos eine materialistische Tatsache. Sie manifestiert sich in spezifischen Reaktionen des Stoffwechsels, der Hormonproduktion oder auch der Verschaltung von neuronalen Netzwerken. Doch diese objektiven Tatsachen schreibt Dahlke idealistisch nur dem Geist und der Gefühlswelt zu. Folgerichtig stilisiert er die Beschäftigung mit ihnen zum Allheilmittel der Therapie hoch. Weitere materialistische Zusammenhänge wie beispielsweise die Auswirkungen der chronischen Umweltkrise oder krank machende Ausbeutung der Lohnarbeit blendet er schlicht aus, sie bleiben so unangetastet. Hätten die Bergleute bei der Ruhrkohle AG besser auf Dahlke gehört, ein »positives Gefühl« gegenüber der Vergiftung mit PCB entwickelt und ihren »Seelenfrieden« mit dem reformistischen Betrug »keiner fällt ins Bergfreie« geschlossen, wären ihnen also die überdurchschnittlich hohen Zahlen physischer und psychischer Erkrankungen erspart geblieben? Was für ein fantastischer Unfug!

Unverzichtbar ist es hingegen, die **bedeutende Rolle des Bewusstseins** im Rahmen einer allseitigen Vorbeugung und Behandlung von Krankheiten tatsächlich zu erkennen. Dazu gehören die bewusste Einstellung auf die Krankheit, der Wissensdurst, sie zu erforschen, ein starker Wille, gesund zu werden und weiterzuleben, sowie Disziplin und die Fähigkeit, klärend mit Widersprüchen und Konflikten umzugehen, dazu auch bewusst Sport zu treiben und sich konsequent gesund zu ernähren. Die Bedeutung dieser Faktoren ist wissenschaftlich nachgewiesen, nicht zuletzt auch bei der »Radikalremission«, also dem vollständigen Verschwinden von Krebserkrankungen. Es ist falsch und fatal, dass die Schulmedizin den Faktor Bewusstsein so gravierend gering schätzt.

Die Esoterik orientiert dagegen auf mystische Selbstbeschäftigung, losgelöst von der Wirklichkeit, und ein durch sie geschärftes Bewusstsein. Sie gefährdet den allseitigen und erfolgreichen Kampf gegen die Krankheit. In der Medizin vertritt sie ein regelrechtes Gegenprogramm zur notwendigen Herausbildung einer universellen, systematisierten theoretischen Grundlage und fundierten Praxis sowie der gesellschaftlichen Bedingungen dafür.

Die **Trennung von Körper und Geist** ist eine der **idealistischen Grundannahmen** nicht nur der »alternativen«, sondern auch der »konventionellen« **Medizin**.

Die Homöopathie und ihre »immateriellen Heilkräfte«

Einer der Urväter der reaktionären medizinischen Theorie des »reinen Geistes ohne Materie« war **Samuel Hahnemann**, der Begründer der **Homöopathie**. Er vertrat, dass sich seine teils millionenfach verdünnte Arznei *»zuletzt gänzlich in ihr individuelles geistartiges Wesen auflöse«*.[179] Es reiche also, diesen Geist in sich aufzunehmen, um eine Gesundung zu erreichen. Wie der »reine Geist« auf krankhafte körperliche Vorgänge wirken soll, bleibt Hahnemanns Geheimnis. Viele Menschen fasziniert vor allem die Grundthese, dass selbst kleinste Gaben – »frei von Chemie« und zudem preisgünstig – der homöopathischen Medikamente die Selbstheilungskräfte des Körpers erfolgreich anstoßen würden.

---

[179] Samuel Hahnemann (1755–1843), »Organon der Heilkunst«, 6. Auflage, § 270

Selbst wenn der Glaube an solche Kräfte, an Rituale und intensive persönliche Zuwendung die Selbstheilungskräfte und das Immunsystem ein Stück weit stärken können, bleibt dies ein höchst materieller Prozess – ausgehend vom Gehirn, der höchsten Organisationsform der Materie! So etwas weist Hahnemann weit von sich. Für ihn ist der *»materielle Organism«* zu *»keiner Thätigkeit ... fähig«*.[180] Allein die *»immaterielle Arzneikraft«*, natürlich in Form körperlich gewordener Globuli oder in Alkohol gelöster homöopathischer Tropfen, soll wie von Geisterhand den materiellen Gesundheitszustand wieder auf Vordermann bringen.

Auf der Grundlage detaillierter Einzelbeschreibungen der Symptome des Patienten und seiner Gefühle treffen Homöopathen rein positivistisch-empirisch eine Auswahl aus mehr als 6 500 homöopathischen Mitteln. Es gibt sie jeweils in mehrfach erhältlichen Verdünnungsstufen. Das eröffne die Möglichkeit, die Mittel punktgenau zu verabreichen. Bei Erfolglosigkeit wird immer wieder ein neues Mittel versucht. Die positivistische Methode von Versuch und Irrtum ritualisiert sich dann in immer neu gewählten Globuli. Die Produktionsvorschriften mit ritualisierten Schüttelschlägen gegen ein noch von Hahnemann beschriebenes Lederkissen und eine strenge Kleiderordnung bei der Produktion vervollkommnen die mystischen Vorstellungen.

Im Gegensatz zur Akupunktur oder anderen bewährten naturheilkundlichen Methoden fehlt bei der Homöopathie nicht nur der wissenschaftliche Wirkungsnachweis, sondern die medizinischen Grundannahmen der Homöopathie widersprechen darüber hinaus auf ganzer Linie den universell gültigen Naturgesetzen.

---

[180] ebenda, § 10

Das fragwürdige Heilpraktikerwesen in Deutschland

Zweifellos leisten viele Heilpraktiker seriöse medizinische Arbeit auf dem Gebiet der Naturheilverfahren. Dies jedoch allzu oft in Einheit mit der Verbreitung oder Verfestigung eines wissenschaftsfeindlichen reaktionären Weltbilds.

Das deutsche **Heilpraktiker-Gesetz** stammt aus dem Jahr 1939, und es »*bilden die NS-Regelungen bis heute den Kern des Heilpraktikerrechts und eines umsatzstarken Heilerei-Marktes.*«[181] Auch in der nur unwesentlich überarbeiteten Fassung des Heilpraktiker-Gesetzes vom Dezember 2016 bleibt viel Spielraum für Unsinn und gefährliche Praktiken.

Heilpraktiker dürfen zum Beispiel Medikamente mischen und verabreichen, die nie eine medizinische Prüfung durchlaufen haben, in Einzelfällen mit schwerwiegenden Folgen.

Ryke Geerd Hamer, Begründer der faschistischen »Germanischen Neuen Medizin«, und seine Jünger an mehreren Heilpraktiker-Schulen lehnen generell Operationen und Chemotherapien bei Krebserkrankungen ab. Sie predigen die »Krebsschuld« der Betroffenen, von der sie nur durch teuer bezahlte Behandlungen zur »Konfliktlösung« befreit werden könnten. Bis zu 500 Todesfälle wurden infolge des »Wirkens« von Hamer aufgedeckt. Berechtigt wurde ihm 1986 die ärztliche Approbation entzogen.

In seiner Schrift »Acht Gründe, warum wir Heilpraktiker brauchen«, argumentiert der Heilpraktiker und Autor **Carl Classen**:

---

[181] Martin Rath, »80 Jahre Heilpraktikergesetz – ein heikles Relikt«, lto.de 17.2.2019

»Für Patienten sind Heilpraktiker eine Ergänzung, die durch Einseitigkeiten einer naturwissenschaftlich bestimmten und betriebswirtschaftlich verwalteten Gesundheitswirtschaft unerlässlich wurde.«[182]

Classen leitet negative Folgen des kapitalistischen Gesundheitssystems gleichermaßen von *»Einseitigkeiten«* der Naturwissenschaft und der kapitalistischen Profitwirtschaft ab. Seine Gegnerschaft zur »naturwissenschaftlich begründeten« Medizin ist aber nur ein Vehikel, seine pseudowissenschaftlichen Theorien unters Volk zu bringen. Die Krise von Medizin und Naturwissenschaften bleibt nach Classen Normalzustand, doch der Heilpraktiker füllt die Lücke pragmatisch mit einigen empirisch bewährten Methoden. So sollen sich Teile und unterschiedliche Varianten der bürgerlichen Ideologie lukrativ »ergänzen«, anstatt den Weg freizumachen für eine neue, allseitige und wissenschaftliche Medizin. Dazu ist allerdings eine neue gesellschaftliche Grundlage nötig, die die Medizin von der Profitwirtschaft und der bürgerlichen Ideologie befreit.

Wirklich alternative Medizin im Sozialismus

Obwohl sich das Potenzial, viele Krankheiten zu besiegen und der gesamten Weltbevölkerung eine gute Gesundheitsversorgung zu sichern, objektiv herausgebildet hat, macht der Kapitalismus gleichzeitig immer mehr Menschen krank. Eine sozialistische Gesellschaft würde die Arbeiterklasse, die breiten Massen, die relevanten Wissenschaftler der ganzen Welt sowie alle in der Praxis erfahrenen medizinischen Berufsgruppen zu einem kollektiven Erkenntnisfortschritt vereinen. Die Gesundheitsvorsorge würde gesellschaftlich organisiert.

---

[182] Carl Classen, »Acht Gründe, warum wir Heilpraktiker brauchen«, arscurandi.de 2016/2019

Ständige Auswertung praktischer Erfahrungen und wissenschaftliche Forschung würden den Erkenntnisfortschritt und die Gesundheitsversorgung ständig höherentwickeln und eine allseitige theoretische Grundlage der Medizin als Wissenschaft hervorbringen.

Die kollektive Weisheit einer auf das Gemeinwohl bedachten Gesellschaft mit einem hohen Bewusstsein über die Gesetzmäßigkeiten in Natur und Gesellschaft wird eine unvergleichlich höhere Produktivität und Wirksamkeit gegenüber theoretischen Erkenntnissen und praktischen Erfahrungen Einzelner entwickeln!

Warum konnten im **sozialistischen China** zur Zeit Mao Zedongs so bahnbrechende medizinische Fortschritte erreicht werden? Im Gegensatz zum vergleichbaren kolonialen Indien konnten die Chinesen in wenigen Jahren Seuchen wie Tuberkulose, tödliche Wurmerkrankungen oder Malaria unter Kontrolle bringen, während diese Krankheiten heute noch die Bevölkerung ganzer Kontinente drangsalieren. Wie konnte das sozialistische China innerhalb kürzester Zeit die medizinische Grundversorgung der schnell auf nahezu eine Milliarde Menschen angewachsenen Bevölkerung unter anderem über »Barfußärzte« gewährleisten? Wie konnte sich das alles gesamtgesellschaftlich durchsetzen trotz anfangs noch enorm eingeschränkter wissenschaftlicher Möglichkeiten, trotz Armut der Einzelnen und des Staatshaushalts, trotz eines noch von Religion und Aberglauben beeinflussten Kulturniveaus breiter Teile der Massen? Der Schlüssel zum Erfolg lag in geduldiger und überzeugender massenhafter Bewusstseinsbildung, Forschung und Ausbildung **auf der Grundlage der dialektisch-materialistischen Methode**. All das führte zu einer enormen Mobilisierung von Fachwissen und Eigeninitiative der Massen.

Mao Zedong gab in den 1950er-Jahren die Leitlinie aus: *»Die chinesische Medizin und Pharmakologie stellen eine reiche Schatzkammer dar, man soll sich bemühen, sie nutzbar zu machen und sie auf eine neue Höhe zu bringen.«*[183] Die chinesische Medizin wurde systematisiert, von Mystizismus und Aberglaube befreit und seitdem als TCM bezeichnet. Im sozialistischen China wurden die wertvollen Erfahrungen der chinesischen Medizin und die wertvollen modernen Erkenntnisse der Medizin aus den westlichen kapitalistischen Ländern vereinigt. Mao Zedong bestand auf einer naturwissenschaftlichen und materialistischen Grundlage der TCM, im Gegensatz zu ihrer heute verbreiteten bürgerlichen Definition und Mystifizierung.

Eine späte indirekte Anerkennung war die Verleihung des Medizin-Nobelpreises an die Chinesin Tu Youyou im Jahr 2015. Sie erhielt den Nobelpreis für ein hochwirksames Malaria-Mittel, das unter Anwendung wissenschaftlicher Forschungsmethoden aus dem »Schatzhaus« der TCM gewonnen worden war. Den Auftrag dazu hatte Mao Zedong schon Ende der 1960er-Jahre erteilt, um den Befreiungskampf in Vietnam zu unterstützen, und das Projekt wurde während der Kulturrevolution vorangetrieben.[184] Genauso wurde die Akupunktur experimentell erforscht und wesentlich weiterentwickelt, sodass chinesische Mediziner in dieser Zeit mehr als 400 000 Operationen erfolgreich unter Akupunktur-Anästhesie vornehmen konnten.[185]

---

[183] zitiert nach: »Akupunktur-Anästhesie«, Verlag für fremdsprachige Literatur, S. 21

[184] Johnny Erling, »Warum Mao den Medizin-Nobelpreis verdient hätte«, Die Welt, 5.10.2015

[185] »Akupunktur-Anästhesie«, Verlag für fremdsprachige Literatur, Peking 1972, S. 7

Joshua S. Horn[186] berichtet im Buch »Arzt in China« über die weltanschauliche Grundlage medizinischer Erfolge im damaligen China:

*»Es ist die **dialektisch-materialistische Methode**, durch die man den Kern des Problems richtig erkennt und damit klar zu entscheiden vermag, welcher Weg zum Erfolg führt ... Jeder konnte von den vorhandenen Informationen und der gesammelten Erfahrung profitieren. ... die medizinischen Arbeiter, die Masse des Volkes und die zuständigen Behörden ermutigten und unterstützten sich gegenseitig.«*[187]

Eine sozialistische Gesellschaft befreit die Medizin von den Fesseln der bürgerlichen Ideologie und von der Ausrichtung auf Profitmaximierung. Erst auf dieser Grundlage kann eine **wirkliche Humanwissenschaft** entstehen und das grundlegende Dilemma der bürgerlichen Medizin lösen!

9. Die moderne Psychologie zwischen Dichtung und Wahrheit

Die **moderne Psychologie** hat in der heutigen kapitalistischen Welt einen festen Platz erobert. Ihr wird eine umfassende menschliche Hilfestellung angedichtet, von der sie aber in Wahrheit meist weit entfernt ist. Die bürgerliche Psychologie selbst stellt sich eine doppelte Aufgabe: Zum einen zielt sie ab auf eine Optimierung menschlichen Verhaltens in den verschiedenen Lebensbereichen. So befasst sich die sogenannte »klinische Psychologie« mit der Heilung psychischer Krankheiten. Zum anderen zielt die moderne Psychologie auf die Verbesserung der sensorischen, kognitiven und motorischen

---

[186] Joshua S. Horn hatte einen Lehrauftrag an der Universität Cambridge, er arbeitete nach 1954 über 15 Jahre in China.

[187] Joshua S. Horn, »Arzt in China«, S. 194 – Hervorhebung Verf.

Leistungen sowie auf die psychische Stabilität auch gesunder Menschen. Konzerne, politische Parteien, Medien- oder Werbeunternehmen, Schulen, Beratungsstellen, Kliniken oder Polizei und Militär nutzen diese Seite der modernen Psychologie auf unterschiedliche Weise.

Zu Zeiten von **Sigmund Freud**[188] war eine Therapie der Psyche höheren bürgerlichen Kreisen und vor allem den Damen vorbehalten. Für psychisch Kranke aus den unterdrückten Klassen gab es dagegen geschlossene Anstalten mit dubiosen Methoden wie Dauerbädern, Auspeitschen mit Brennnesseln oder gar Lobotomie – die Durchtrennung von Nervenbahnen im Gehirn. Derartige »Therapien« führten oft zur völligen Umnachtung oder gar zum Tod.

Heute gelten Psychologen in nahezu allen schwierigen Lebenslagen als kompetente Ratgeber. In Verbindung mit dem Rückgang des Einflusses der Religion gewann die **moderne Psychologie** als vermeintlich stets einfühlsame Helferin in allen Lebensfragen an öffentlicher Wertschätzung. So konnte sie sich zu einer **zentralen Methode der Beeinflussung der Massen** herausbilden. Viele Psychotherapeuten wollen ehrlich helfen, aber der menschenverachtende und reaktionäre Charakter der bürgerlichen Psychologie wird in der verbreiteten und auf die Weltgesundheitsorganisation (WHO) zurückgehenden Definition deutlich:

»Eine psychische oder seelische Störung ist eine erhebliche Abweichung von der Norm im Erleben oder Verhalten, die die Bereiche des Denkens, Fühlens und Handelns beeinflusst.«[189]

Wenn »*Abweichung von der Norm*« der Maßstab ist, dann ist jeder Homosexuelle, jeder Goldfisch-Züchter und jeder

---

[188] Sigmund Freud, 1856–1939, Arzt und Begründer der Psychoanalyse
[189] pflegestuetzpunkteberlin.de 28.9.2022

Marxist-Leninist psychisch krank und muss durch Psychotherapie »auf Norm« getrimmt werden. Dass die WHO im Umkehrschluss schreibt, psychische Gesundheit sei *»ein Zustand des Wohlbefindens, in dem eine Person ihre Fähigkeiten ausschöpfen, die normalen Lebensbelastungen bewältigen, produktiv arbeiten und einen Beitrag zu ihrer Gemeinschaft leisten kann«*[190], macht den Sinn und Zweck der Psychotherapie deutlich: der kapitalistischen Produktion zur Verfügung stehen, sich konstruktiv für die bürgerliche Gesellschaft einsetzen und sich dabei so wohlfühlen, dass man nicht rebelliert – egal, wie die Lebensumstände sind und ob wirklich gesund oder nicht.

Die **bürgerliche Psychologie** wurde so **Teil des gesellschaftlichen Systems der kleinbürgerlichen Denkweise**, das in Wirklichkeit selbst zu den wesentlichen Ursachen massenhafter psychischer Erkrankungen gehört. Dazu heißt es in dem Buch »Katastrophenalarm! Was tun gegen die mutwillige Zerstörung der Einheit von Mensch und Natur?«:

*»Das **System der kleinbürgerlichen Denkweise** verstärkt mit seinem Negativismus, Skeptizismus und modernen Antikommunismus die Perspektivlosigkeit vieler Menschen. Sie werden unfähig, sich gegen depressive Gefühle allgemeiner Ohnmacht oder Wertlosigkeit zu wehren.«*[191]

Das im Jahr 1998 vom Deutschen Bundestag beschlossene »Psychotherapeutengesetz« anerkannte die »psychologische Psychotherapie« als Heilberuf. Die Zahl der Psychotherapeuten in Deutschland stieg sprunghaft an, bis 2020 auf 50 000.[192] Die Krankschreibungen aufgrund psychischer Er-

---

[190] WHO, »Psychische Gesundheit«, euro.who.int 12. 10. 2022

[191] Stefan Engel, »Katastrophenalarm! Was tun gegen die mutwillige Zerstörung der Einheit von Mensch und Natur?«, S. 223

[192] Gesundheitsberichterstattung des Bundes, gbe-bund.de 1. 8. 2022

krankungen schossen zwischen 1997 und 2017 um mehr als das Dreifache in die Höhe.[193] Schätzungsweise 18 Millionen Menschen aus der erwachsenen Bevölkerung Deutschlands sind jedes Jahr von einer zeitweiligen oder chronischen psychischen Erkrankung betroffen.[194] Das hat gesamtgesellschaftliche Gründe:

*»In den letzten Jahren haben die krank machenden Veränderungen der Umwelt und der Gesellschaft in zahlreichen Ländern zu einer **epidemieartigen Zunahme psychischer Krankheiten** geführt. Vor allem **Depressionen** und Erschöpfungszustände, aber auch Angstzustände, Persönlichkeitsstörungen und Suchtkrankheiten belasten immer mehr Menschen. Die Krisenhaftigkeit des kapitalistischen Systems bildet die materielle Grundlage, auf der Umweltvergiftung, Dauerstress, Überausbeutung und soziale Unsicherheit Ängste auslösen.«*[195]

Vor allem die imperialistischen Kriege lösen bei den überfallenen Völkern, besonders bei den Frauen und Kindern, aber auch bei den Soldaten der Imperialisten Traumata im Massenumfang aus. In bürgerlichen Medien sind dann aber nicht diese Kriege, sondern mangelnde »Resilienz« dafür verantwortlich. Der amerikanische Professor für Psychologie, Martin E. P. Seligman, hat ein Resilienztraining für die US-Armee entwickelt[196], für das diese schon bis 2015 jährlich 100 Millionen US-Dollar ausgab.[197]

---

[193] spiegel.de 25. 7. 2019

[194] Deutsche Gesellschaft für Psychiatrie und Psychotherapie, Psychosomatik und Nervenheilkunde e. V. (DGPPN), »Basisdaten Psychische Erkrankungen«, Januar 2022

[195] Stefan Engel, »Katastrophenalarm! Was tun gegen die mutwillige Zerstörung der Einheit von Mensch und Natur?«, S. 223

[196] Martin E. P. Seligman, »Stärken Sie Ihre mentale Fitness«, managermagazin.de 29. 8. 2016

[197] nach Nicole Willnow, zeit.de 20. 2. 2015

Die Destruktivkräfte und die Krisen im imperialistischen Weltsystem treiben die Masse der Menschen immer mehr in Situationen chronischer Überforderung durch unlösbare oder schier unlösbar erscheinende Probleme. Traurigkeit, Ängste, Gefühle von Minderwertigkeit und Ohnmacht, zwanghafter Perfektionismus, Verlust der Freude am Leben und an der Sexualität, Antriebsarmut und Schlafprobleme sind nur einige der quälenden Symptome. Damit geht eine gravierende Zunahme von Suchterkrankungen einher.

Metaphysische und idealistische Erklärungen für psychische Krankheiten

Psychische Störungen und Erkrankungen sind ebenso wie psychische Gesundheit stets **materieller Natur**, sie treten in **Funktionen oder Dysfunktionen**[198] **des menschlichen Stoffwechsels** in Erscheinung.

Dabei besteht ein enger Zusammenhang von Umweltkrise und sprunghaftem Anstieg der psychischen Erkrankungen. Das unterschätzen Metaphysik und Idealismus der bürgerlichen Psychologie weitgehend oder leugnen es gar.

Die Kritik einiger Umweltmediziner an den Erklärungen und Therapien psychischer Erkrankungen wird bisher noch wenig beachtet. So kritisiert der Umweltmediziner **Kurt Müller** die gängige und aus seiner Sicht fast ausschließliche Erklärung von Depressionen aus der individuellen Lebensgeschichte:

»Aus psychiatrischer Sicht werden psychisch traumatisierende Ereignisse als wesentlicher Grund angenommen. ... Auch der Laie versucht, scheinbar auf der Hand liegende Erklärungen zu finden, so dass beispielsweise Probleme des Berufs,

---

[198] gestörte Funktionen

der Partnerschaft oder der Kindererziehung als Erklärung herhalten müssen. Es wird auf diese Weise wertvolle Zeit der Diagnostik und Therapie vertan und die Chance der Primärprävention erst gar nicht genutzt. ... Stattdessen wird das Problem individualisiert.«[199]

Wissenschaftliche Untersuchungen untermauern seine Feststellung, dass immer häufiger über das Blutbild nicht feststellbare Entzündungen (»stille« oder »chronische Inflammation«[200]) aufgrund umweltbedingter Vergiftungen im Körper grassieren. Sie entstehen gerade dort, wo Umweltgifte im Körper abgelagert sind, und haben weitreichende Auswirkungen auf den gesamten und besonders den Serotonin-Stoffwechsel. **Serotonin** gilt als eines der bedeutsamsten Hormone im Zusammenhang mit psychischer Gesundheit und Erkrankung. Müller erläutert:

»Chronische entzündliche Prozesse ... haben erhebliche Auswirkungen auf den Serotoninstoffwechsel. Die chronische Inflammation kann vielfältige Ursachen haben, wie ... entzündliche Intoleranzreaktionen auf alltägliche, nicht zu meidende Umweltschadstoffe wie chlorierte oder polyzyklische Kohlenwasserstoffe, Pestizide, Phthalate[201]*, Lösemittel, Harze, Formaldehyd, Flammschutzmittel, Schwermetalle u. a. m.«*[202]

Der Umweltmediziner warnt davor, lediglich konkrete Vergiftungen zu analysieren und zu beurteilen und verweist auf darüber hinausgehende selbstzerstörerische Reaktionen des ganzen Körpers:

---

[199] Kurt E. Müller, »Depression bei umweltmedizinischen Erkrankungen«, in: Umwelt – Medizin – Gesellschaft, Ausgabe 4/2010, S. 306

[200] chronisch entzündliche Prozesse

[201] Phthalate werden vor allem als Weichmacher für Kunststoffe eingesetzt.

[202] Kurt E. Müller, »Depression bei umweltmedizinischen Erkrankungen«, in: Umwelt – Medizin – Gesellschaft, Ausgabe 4/2010, S. 300

*»Auch wird nicht berücksichtigt, dass bei chronischer Ein-
wirkung von Noxen[203] im Niedrigdosisbereich, die Schädlich-
keit des Stoffes nur ein Teil des Risikos darstellt. ... Das heißt,
dass der Organismus nicht nur betroffen, sondern selbst auch
krankheitsgestaltend ist.«*[204]

Angesichts mangelnder Beachtung dieser Probleme verweist
Müller auf den Zusammenhang mit der Krise des Gesundheitswesens:

*»Diese Problematik wird in einem sich fortschreitend restrik-
tiv entwickelnden Gesundheitswesen verschärft, in dem die
Korrektur wissenschaftlicher und strategischer Fehler immer
unwahrscheinlicher wird. Die Beschränkung auf die psychia-
trische Sicht ... stellt die Kapitulation vor diesen Schwierigkeiten dar.«*[205]

Der vorherrschende Idealismus in der modernen Psychologie vermeidet es geradezu, psychische Erkrankungen allseitig
materialistisch zu untersuchen und daraus Schlussfolgerungen zu ziehen. Karl Marx betonte:

*»Das menschliche Wesen ist kein dem einzelnen Individuum
inwohnendes Abstraktum. In seiner Wirklichkeit ist es das
ensemble der gesellschaftlichen Verhältnisse.«*[206]

Daraus folgt: Kein Mensch ist nur eine individuelle Persönlichkeit, etwas Feststehendes, durch Erbanlagen, Erziehung
oder soziales Milieu ein für alle Mal festgelegt. Vielmehr entwickelt sich jedes Individuum durch eine ständige Auseinandersetzung mit seiner Umgebung, es kommt zu wechselseitiger
Beeinflussung: Der Mensch verändert seine Umgebung und
seine Umgebung ihn.

---

[203] Faktoren, die den Organismus schädigen

[204] Kurt E. Müller, »Depression bei umweltmedizinischen Erkrankungen«, in:
Umwelt – Medizin – Gesellschaft, Ausgabe 4/2010, S. 298

[205] ebenda, S. 305

[206] Karl Marx, »Thesen über Feuerbach«, Marx/Engels, Werke, Bd. 3, S. 6

Dualismus als Grundlage der bürgerlichen Psychologie

Wie die Religion hat auch die bürgerliche Psychologie ihre weltanschauliche Wurzel im idealistischen Konzept des »Dualismus«, das heißt der **Trennung von Körper und Geist**. In dem vor 40 Jahren erschienenen »Lexikon der Psychologie« ist die menschliche Psyche sogar eine *»Bezeichnung für die Seele im weitesten Sinne im Gegensatz zum materiellen Körper oder Soma«.*[207]

Dieser **Dualismus** wurzelt in der über Jahrhunderte verankerten christlichen Lehre.

»Der **christliche Dualismus** *betrachtet den Geist als immaterielle Substanz, im Gegensatz zum Körper als materieller Substanz. Er stellt die geistige Sphäre über die körperliche, denn sie wurzle in dem göttlichen Willen.«*[208]

Aufgrund des schwindenden gesellschaftlichen Einflusses der Kirchen wird die moderne Psychologie geradezu zur Ersatzreligion. Alltäglich schlägt sich das zum Beispiel in der irreführenden Unterscheidung nieder, ob jemand körperlich oder psychisch krank sei. Weil angesichts naturwissenschaftlicher Fortschritte und Aufgeklärtheit der Massen der **offene Dualismus** an Überzeugungskraft eingebüßt hat, verficht die moderne Psychologie eine verfeinerte Version. So heißt es in einem 2021 neu aufgelegten »Lexikon der Psychologie«:

»Mit der Zeit wurde die Verwendung des Seelenbegriffs aber immer problematischer. ... In der modernen Psychologie werden – trotz ungeklärtem Leib-Seele-Problem – psychische Prozesse

---

[207] Arnold, Eysenck, Meili, »Lexikon der Psychologie«, Bd. 2, 1980, S. 1710

[208] Stefan Engel, »Katastrophenalarm! Was tun gegen die mutwillige Zerstörung der Einheit von Mensch und Natur?«, S. 44

in der Regel als eindeutig mit (neuro-)physiologischen Prozessen korrespondierend angenommen«.[209]

Die Psyche kann also mal mit und mal ohne Körper daherkommen? Nur *»in der Regel«* korrespondiert sie mit physiologischen Prozessen? Ganz kann sich die moderne Psychologie also nicht vom Dualismus lossagen! Der dialektische Materialismus betrachtet dagegen **physische Welt und Psyche der Menschen** als im engen Wechselverhältnis zueinander stehende **Seiten einer materiellen Gesamtentwicklung des menschlichen Lebens**.

Manipulation der öffentlichen Meinung und psychische Erkrankungen

Die **bürgerliche Manipulation der öffentlichen Meinung** schafft systematisch eine Distanz zwischen den Menschen und der objektiven Wirklichkeit als eine wesentliche **Bedingung psychischer Erkrankungen**. Die menschliche Psyche kann sich nicht gesund entwickeln, wenn Menschen dauerhaft die objektive Wirklichkeit zu verdrängen oder auszublenden versuchen oder verzerrt verarbeiten. So berichtete ein Artikel *»Bei Computersucht droht Realitätsverlust«* bereits 2006 über 100 000 computersüchtige Jugendliche in Deutschland. Darin warnte der Neurobiologe **Gerald Hüther**, dass der zunehmend ausgedehnte Gebrauch von Computer und Handy eine Fehlstrukturierung im Gehirn von Kindern hinterlässt:

»Ist dieser Prozess weit fortgeschritten, finden sich die Kinder und Jugendlichen in der realen Welt nicht mehr zurecht.‹ ... Mit jeder Stunde aber, die Kinder vor dem Computer verbrächten, fehle ihnen eine Stunde, um ihr Gehirn für die Anfor-

---

[209] Markus A. Wirtz (Hrsg.), »Dorsch – Lexikon der Psychologie«, S. 21/22 – Hervorhebung Verf.

derungen im wirklichen Leben weiterzuentwickeln … Ähnlich wie konkrete Tätigkeiten beim Computerspiel würden auch die virtuellen Vorstellungswelten von den Kindern aufgenommen und verinnerlicht: ›Das Gehirn wird so, wie man es benutzt‹‹.[210]

Bei allen Fortschritten der digitalisierten Welt kann der exzessive Konsum von Computer-»Realität« vor allem bei Kindern und Jugendlichen Niedergeschlagenheit, Ohnmachtsgefühle, Zukunftsängste, aber auch Egoismus, Aggressivität oder Rückzug in idealistische Traumwelten nach sich ziehen.

Der Idealismus erzeugt chronische **Probleme oder gar Unfähigkeit, mit Widersprüchen richtig umzugehen**, behandelt sie als etwas Negatives, statt in ihrer richtigen Behandlung sogar die Quelle jeder Höherentwicklung zu sehen. **Idealbilder** der bürgerlichen Familienordnung, von den bürgerlichen Medien und der bürgerlichen Massenkultur entwickelte Ansprüche an Aussehen, Leistung usw. erzeugen Selbstzweifel und mangelndes Selbstwertgefühl bei Millionen junger Leute.

Individualisierung und Idealismus in der Theorie der Psychoanalyse

Die Psychoanalyse folgt der Theorie, dass psychische Probleme ihre Wurzeln vor allem in der individuellen Kindheit, mindestens aber in Situationen einer traumatisch erlebten Vergangenheit hätten. So lehrt die klassische Psychoanalyse Sigmund Freuds und ihre Theorie der Neurosen:

»Die Ursachen und Lösungen für gegenwärtige Probleme sind laut Neurosenlehre im Unbewussten und in der Vergangenheit des Patienten zu suchen.«[211]

---

[210] »Bei Computersucht droht Realitätsverlust«, handelsblatt.com 19. 9. 2006

[211] Psychotherapie-Informationsdienst, »Basis-Informationen«, psychotherapiesuche.de 2. 8. 2022

Diese Fokussierung führt oft zu **willkürlichen Schuld-
zuweisungen**. Dem Erkrankten wird suggeriert, seine Kindheit wäre die Ursache aller Leiden. Der Betroffene, dessen
Denken, Fühlen und Handeln durch seine psychischen Probleme ohnehin in Widerspruch zur Realität geraten ist, wird
schnell in scheinbar unversöhnliche Widersprüche gerade zu
seiner vertrautesten Umgebung getrieben.

Die Bedeutung von **Traumata** für psychische Probleme ist
unstrittig. Durch Hunger, Krieg, Flucht, Verfolgung, Mobbing,
sexuelle Gewalt oder die ganz alltägliche Überforderung des
Lebens im Imperialismus sind Millionen betroffen. Aber gerade weil die meisten Traumata gesellschaftliche Ursachen haben, ist die Ausrichtung der Psychologie auf rein individuelle
Diagnose und Behandlung eine Sackgasse.

Freud als Urvater der Psychoanalyse hielt allein schon die
Frage nach dem Sinn des Lebens für krankhaft:

*»Im Moment, da man nach Sinn und Wert des Lebens fragt,
ist man krank, denn beides gibt es ja in objektiver Weise nicht;
man hat nur eingestanden, daß man einen Vorrat von unbe-
friedigter Libido hat«.*[212]

Demnach ist jede Suche oder gar Entscheidung für ein sinn-
erfülltes Leben im Einsatz für Familie, Gesellschaft oder gar
Klassenkampf nur der verquere, krankhafte Ausdruck unerfüll-
ter sexueller Bedürfnisse? Diese krude Theorie degradiert die
Menschen zu reinen Triebwesen!

Viele Psychologen würden es heute weit von sich weisen, so
primitiv in Freuds psychoanalytischen Fußstapfen zu wandeln.
Doch alle Spielarten der bürgerlichen Psychologie interessieren vor allem die individuelle, subjektive Wahrnehmung, der
subjektive Umgang mit der Welt, wie jeder sie »für sich selbst

---

[212] Siegmund Freud, Brief an Marie Bonaparte vom 13. August 1937,
in: Briefe 1873–1939, S. 429

empfindet«! Das gilt auch für die »modernen« weltanschaulichen Varianten der Psychologie. So lehrt die psychologische Schule des **Konstruktivismus,**

*»dass das Gehirn **nicht etwa ein Abbild einer vorgefundenen, unabhängig vom Menschen bestehenden Wirklichkeit** liefere, sondern umgekehrt **die Wirklichkeit im Kopf entstehe oder geschaffen werde.**«*[213]

Das ist **blanker Idealismus**! Woher, wenn nicht über die mit den Sinnesorganen aufgenommenen Empfindungen, soll ein Bild der Wirklichkeit zu uns gelangen, in uns entstehen? Wie soll der Gedanke an Häuser, Autos, Essen und Trinken oder andere Menschen entstehen, wenn es diese nicht real gibt?

Für die bürgerliche Psychologie sind Bewusstsein, Gedanken, Gefühle, Geist oder Seele das Primäre, die Wirklichkeit das daraus erschaffene Sekundäre. Lenin brachte es auf den Punkt:

»Das Wesen des Idealismus besteht darin, daß das Psychische zum Ausgangspunkt genommen wird«.[214]

Für die wissenschaftliche Psychologie ist dagegen die objektive, unabhängig vom Willen des Menschen existierende Wirklichkeit das Primäre, das die Empfindungen im Bewusstsein widerspiegeln. Auch wenn dieser Prozess der Widerspiegelung heute vielfacher Manipulation ausgesetzt ist, so können die Menschen doch mit ihrem Bewusstsein ihre Sinneseindrücke dialektisch verarbeiten, die Wirklichkeit verstehen, beeinflussen und verändern. Idealismus und Materialismus stehen sich unversöhnlich gegenüber.

---

[213] »Konstruktivismus und Didaktik«, aseminar.schule.de 1.8.2022

[214] Lenin, »Materialismus und Empiriokritizismus«, Werke, Bd. 14, S. 225

Neurobiologie und bürgerliche Psychologie

Zunehmend gewinnen materialistische Erkenntnisse der Hirnforschung und Neurobiologie in der Psychologie an Einfluss. Der Neurowissenschaftler **Joachim Bauer** beschreibt aufschlussreich, auf welche Weise die Wirklichkeit im menschlichen Gehirn gespiegelt und gespeichert wird:

»Die Entwicklung von Fühlen, Denken und Handeln verläuft parallel mit der Entstehung von Nervenzell-Netzwerken des Gehirns; diese entstehen durch Verschaltungen, mit denen die über 20 Milliarden Nervenzellen des Gehirns verknüpft sind. ... (Es ist) das in Netzwerken gespeicherte ›innere Bild‹ der Welt in all ihren Aspekten, das es möglich macht, dass aktivierte Netzwerke Erinnerungen, Vorstellungen, Gedanken und Gefühle in unsere subjektive Wahrnehmung heben.«[215]

Dieser Fortschritt der Erkenntnis kann sich in der modernen Psychologie dennoch nicht vom Einfluss der Metaphysik lösen, weil er den materiellen Prozess von seinen **schöpferischen Potenzialen, die Welt zu verändern**, trennt. Geradezu prophetisch fragte Friedrich Engels schon vor 150 Jahren:

»Wir werden sicher das Denken einmal experimentell auf molekulare und chemische Bewegungen im Gehirn ›reduzieren‹; ist aber damit das Wesen des Denkens erschöpft?«[216]

Und er antwortete selbst darauf:

*»Aber grade die **Veränderung der Natur durch den Menschen**, nicht die Natur als solche allein, ist die wesentlichste und nächste Grundlage des menschlichen Denkens«.*[217]

---

[215] Joachim Bauer, »Das Gedächtnis des Körpers«, S. 70/71

[216] Friedrich Engels, »Dialektik der Natur«, Marx/Engels, Werke, Bd. 20, S. 513

[217] ebenda, S. 498

Die Krise der modernen Psychologie beruht gerade auf dem Widerspruch, sich einer materialistischen Naturforschung zu öffnen und zu ihr beizutragen, aber andererseits die **beschleunigte Destabilisierung des imperialistischen Weltsystems und seine allgemeine Krisenhaftigkeit** höchstens als horrende Belastung für die Psyche der Menschen zu betrachten, mit der sie umgehen lernen müssen. Die moderne Psychologie versteht die breite Masse der Menschheit, vor allem die Arbeiterklasse, einseitig als leidendes Objekt und nicht als **handelndes Subjekt**. Solange die bürgerliche Ideologie Grundlage der modernen Psychologie bleibt, kann sie sich aus diesem Dilemma nicht befreien.

Die Rolle der Bewusstseinsbildung in der Behandlung psychischer Krankheiten

Die dialektisch-materialistische Betrachtung der Psyche sieht die **Bewusstseinsbildung** als wesentliches Moment, mit physischen und psychischen Belastungen fertigzuwerden. Denn psychische Krankheiten sind letztlich nichts anderes als **stoffwechselbedingte Störungen der Bewusstseinsbildung**, der Fähigkeit des Gehirns, die objektive Wirklichkeit richtig zu erkennen und zu verarbeiten. Das allein zeigt, wie kontraproduktiv »Therapien« sind, die die Erkrankten von der Wirklichkeit abschotten, ihnen raten, sich nur noch mit sich selbst zu beschäftigen oder gar im Unterbewusstsein die Heilung zu sehen.

Der marxistische Theoretiker Lenin charakterisiert *»das Psychische«* als höchstes Produkt der Materie mit der Fähigkeit, Bewusstsein über die objektive materielle Welt zu bilden:

*»1. Die physische Welt existiert **unabhängig** vom Bewußtsein des Menschen und hat lange **vor** dem Menschen, **vor** jeder ›Erfahrung der Menschen‹ existiert; 2. Das Psychische, das Bewußtsein usw., ist das höchste Produkt der Materie (d. h. des*

Physischen), es ist eine Funktion jenes besonders komplizier-
ten Stückes Materie, das als Gehirn des Menschen bezeichnet
wird.«[218]

Für dialektische Materialisten spielt die **Hebung der Be-
wusstheit** über die objektive Wirklichkeit, das persönliche
Leben und die Vorgänge im eigenen Körper in Wechselwirkung mit der gesellschaftlichen Wirklichkeit sowie die **Befähigung zum bewussten Denken, Fühlen und Handeln**
die zentrale Rolle für die Stärkung der Persönlichkeit. Für
die Gesundung ist **entscheidend, die Selbstkontrolle auf
die bewusste Verarbeitung der Wirklichkeit auszurich-
ten**, statt manipulierte Wahrnehmung und Gefühle für bare
Münze zu nehmen und sich ihnen hinzugeben. Das bedeutet
aber keinesfalls, dass psychische Erkrankungen allein durch
eine proletarische Denkweise und subjektiv beeinflussbare
Bewusstseinssteigerung geheilt werden könnten.

Bewusster Umgang mit psychischer Krankheit muss auch
auf den gestörten Stoffwechsel Einfluss nehmen, die
Funktionsweise des Gehirns zur Bewusstseinsbildung
ändern: Ursachen wie Vergiftungen behandeln, mit Medikamenten, Sport und gesunder Ernährung den Stoffwechsel
unterstützen. Ebenso wichtig ist das richtige Verhältnis von
Herausforderung und Erholung und die bewusste Verarbeitung traumatischer Erlebnisse, um daraus entstandene Fehl-
schaltungen im Gehirn aufzulösen und verbesserte Wege im
Denken, Fühlen und Handeln zu entwickeln und zu stabili-
sieren. All das erfordert eine konkrete Analyse der jeweiligen
Erkrankung, aber auch den Kampf gegen die krankmachen-
den gesellschaftlichen Verhältnisse.

Das bewusste Denken, Fühlen und Handeln zielt auf die
Einheit von individueller und kollektiver Aktivität.

---

[218] Lenin, »Materialismus und Empiriokritizismus«, Werke, Bd. 14, S. 226

Eine Jugendstudie zum Phänomen der Klima-Angst unter Jugendlichen im Auftrag der Barmer Ersatzkasse ergab:

»39 Prozent der Jugendlichen hierzulande verspüren sogar große Angst vor dem Klimawandel ... Eine weltweite Studie ... ergibt ein ähnliches Bild: 60 Prozent der 10.000 in zehn Ländern befragten Jugendlichen gaben an, besorgt oder sehr besorgt über den Klimawandel zu sein; 45 Prozent gaben an, diese Sorgen würden ihren Alltag bestimmen.«[219]

Doch die Studie wertete auch aus, wie stark Bewusstsein und kollektives Handeln auf die Überwindung der Ängste einwirken:

»Das zeigen zum Beispiel die vielen Jugendlichen, die sich aktiv im Klimaschutz engagieren. Auch die schwedische Umweltaktivistin Greta Thunberg beschrieb, dass sie lange Zeit unter Depressionen gelitten habe, die mit der Angst vor dem Klimawandel zusammenhingen. Und dann begann ihr Kampf.«[220]

Bewusstseinsbildung und gesellschaftliches Handeln müssen dazu ermutigen und befähigen, an der Dialektik von persönlicher Gesundung und einer grundlegenden Lösung mitzuarbeiten: durch den Klassenkampf, den Kampf zur Befreiung der Frau oder den kollektiven gesellschaftsverändernden Umweltkampf. Selbst einen Beitrag zur gemeinsamen Arbeit für ein positives Ziel zu leisten und die Erkenntnis, dass man den gesellschaftlichen Entwicklungen nicht machtlos gegenübersteht, stärken das Selbstbewusstsein und die Disziplin.

Ganz in diesem Sinn betont Lenin den schöpferischen, verändernden Charakter einer wissenschaftlichen Psychologie und ihrer Bewusstseinsbildung:

---

[219] »Ist Klima-Angst eine Krankheit? Ergebnisse der SINUS-Studie«, barmer.de 1.7.2022

[220] ebenda

»Das Bewußtsein des Menschen widerspiegelt nicht nur die objektive Welt, sondern schafft sie auch. ... d. h., daß die Welt den Menschen nicht befriedigt und der Mensch beschließt, sie durch sein Handeln zu verändern.«[221]

Die Erfolge der Psychologie in der sozialistischen Sowjetunion und der sozialistischen Volksrepublik China

Nach der sozialistischen Oktoberrevolution förderte der Rat der Volkskommissare intensiv die wissenschaftliche Arbeit des Physiologen **Iwan P. Pawlow** (1849–1936), der 1904 den Nobelpreis für Medizin erhalten hatte.[222]

Seine großen Verdienste in der Erforschung der Gehirnfunktionen sind unbestreitbar. Gleichwohl vermochte er eine vulgärmaterialistische Grundlinie in seinen theoretischen Arbeiten nicht zu überwinden. So schrieb er:

»Der Mensch ist natürlich ein System (gröber ausgedrückt, eine Maschine), die wie jedes andere in der Natur auch den unumgänglichen und für die ganze Natur einheitlichen Gesetzen unterworfen ist.«[223]

So richtig es ist, dass der Mensch nicht außerhalb der Natur und ihren Gesetzen steht, so verfügt er doch im Unterschied zum Tierreich über ein Gehirn, das die dialektischen Bewegungsgesetze in der Natur und Gesellschaft *bewusst* erforschen und anwenden kann.

---

[221] Lenin, »Konspekt zu Hegels ›Wissenschaft der Logik‹«, Werke, Bd. 38, S. 203/204

[222] Lenin, »Über die Schaffung von Bedingungen, die die wissenschaftliche Arbeit des Akademiemitglieds I. P. Pawlow und seiner Mitarbeiter gewährleisten«, Werke, Bd. 32, S. 56

[223] I. P. Pawlow, »Antwort eines Physiologen an die Psychologen«, Sämtliche Werke, Bd. III/2, S. 430

In der Kulturrevolution nach 1966 im China Mao Zedongs wurden Pawlows Anschauungen kritisiert. Neben den Einzelnen machten Psychologen die Kollektive am Arbeitsplatz, den Arbeitsprozess und die familiäre Lebenssituation zum Gegenstand der psychologischen Erforschung und Behandlung. Sie begannen, eine **einseitige Fokussierung auf die individuellen Erfahrungen** zu überwinden.

Bei psychischen Erkrankungen als *»Drama eines einzelnen Menschen«* kann man *»jedoch zugleich von einem kollektiven Drama sprechen, da es sich in den Beziehungen des Individuums zur Gesellschaft manifestiert«*, schreibt der argentinische Psychiater Gregorio Bermann über die Erfahrungen mit der Psychotherapie im China Mao Zedongs.[224]

Auch wenn psychisch Erkrankte je nach Art und Schwere ihres Leidens Ruhe, Schutz und Erholung brauchen, kann nicht ihre Abschottung von der Gesellschaft das Allheilmittel sein. Entscheidendes Ziel bei der Heilung muss sein, dass sie sich wieder selbständig – sich und die Welt verändernd – in der Wirklichkeit zurechtfinden.

Die **Krise der bürgerlichen Psychologie** kann letztlich erst überwunden werden, wenn die Menschen im Sozialismus die physische und psychische Wirklichkeit dialektisch-materialistisch erforschen und sich befähigen, bewusst schöpferisch auf sie Einfluss zu nehmen. Das bedeutet, sowohl sich als Individuen als auch die ganze Gesellschaft zu verändern.

---

[224] Gregorio Bermann, »Eine neue Medizin für die Massen – Sozialpsychiatrie in China«, S. 232

10. Die Perspektiven der modernen Naturwissenschaft

Noch nie in der Geschichte stand die Menschheit vor so **hohen Herausforderungen** wie heute: vor dem Kampf gegen die beschleunigte Vollendung der globalen Umweltkatastrophe und gegen den Ausbruch eines atomaren Weltkriegs; dem Kampf gegen die ernst zu nehmende faschistische Tendenz; der Verwirklichung einer internationalen Kreislaufwirtschaft; der Ernährung und Gesundheitsversorgung von acht Milliarden Menschen; der Überwindung der Massenarbeitslosigkeit, -armut und des Hungers in der Welt; der Beseitigung der Ursachen der erzwungenen Flüchtlingsbewegungen; der Abschaffung der kapitalistischen Ausbeutung der Lohnarbeit und der Unterdrückung der Arbeiterklasse und breiter Schichten der Weltbevölkerung; der Befreiung der Frau und nicht zuletzt der **Vorbereitung und Durchführung der internationalen sozialistischen Revolution**.

Noch nie waren gleichzeitig die **materiellen Voraussetzungen der Lösung** dieser Menschheitsaufgaben so weit entwickelt wie heute, nie zuvor waren die Fortschritte im Einzelnen so rasch und so vielseitig. Noch nie zuvor gab es so zahlreiche gut ausgebildete und erfahrene Wissenschaftler, hervorragend qualifizierte Facharbeiter, kenntnisreiche Bauern und so ein hohes allgemeines Bildungsniveau unter den Massen, besonders der Jugend.

Doch die Naturwissenschaft ist unter den Machtverhältnissen des Imperialismus, der beschleunigten Destabilisierung des imperialistischen Weltsystems und der sich vertiefenden Krise der bürgerlichen Ideologie selbst in eine **tiefe Krise** geraten: Mehr denn je liegt die Notwendigkeit einer in sich **geschlossenen dialektisch-materialistischen Theorie der Entwicklung von Natur, Mensch und Gesellschaft** als höhere Stufe der Wissenschaftlichkeit auf der Hand. Stattdessen produziert die bürgerliche Ideologie in der Naturwissenschaft oft die absurdesten Deutungen. Sie verlässt mehr und mehr die Errungenschaft einer systematischen wissenschaftlichen Grundlage, für die Materialismus und Dialektik im 19. Jahrhundert den größten Schub erbrachten.

Mehr noch, Varianten der bürgerlichen Ideologie greifen permanent die dialektisch-materialistische Theorie und Methode an. Empiriokritizismus, Agnostizismus, Pragmatismus, Positivismus, Skeptizismus, Negativismus, Subjektivismus, Fatalismus und Antikommunismus **unterhöhlen mehr und mehr die wissenschaftliche Grundlage der Naturwissenschaften**.

Angesichts des hohen Ansehens der Wissenschaft unter Arbeitern und der Masse der Bevölkerung dient die Verbreitung all dieser Varianten der bürgerlichen Ideologie auch der Verwirrung der Massen, um ihre Revolutionierung zu verhindern. Entgegen dem Forscherdrang vieler Wissenschaftlerinnen und Wissenschaftler werden Maximalprofite und eine Führungsrolle im zwischenimperialistischen Konkurrenzkampf zur obersten Leitlinie der Naturwissenschaft.

Der Schöpfergeist der Arbeiterklasse, die den modernen Produktionsprozess trägt, wird zunehmend ausgebeutet. Trotz ihres hohen Bildungs- und Kulturniveaus bleibt die **Arbeiterklasse** in der imperialistischen Gesellschaftsordnung **von der Wissenschaft** weitgehend **ausgeschlossen** und wird gar als »bildungsferne Schicht« diffamiert. Der **Widerspruch zwischen Hand- und Kopfarbeit verschärft sich,** was wiederum der Entwicklung der modernen Produktivkräfte unvereinbar im Weg steht. In einem Beitrag zu Heft 3 der Zeitschrift »Unter dem Banner des Marxismus«, die in der sozialistischen Sowjetunion herausgegeben wurde, betonte Lenin,

*»daß sich ohne eine gediegene philosophische Grundlage keine Naturwissenschaft, kein Materialismus im Kampf gegen den Ansturm der bürgerlichen Ideen und gegen die Wiederherstellung der bürgerlichen Weltanschauung behaupten kann. Um diesen Kampf bestehen und mit vollem Erfolg zu Ende führen zu können, muß der Naturforscher moderner Materialist, bewußter Anhänger des von Marx vertretenen Materialismus sein, das heißt, er muß **dialektischer Materialist sein.**«*[225]

Was erfordert das in der Phase der Vorbereitung der internationalen sozialistischen Revolution? Vor allem, dass fortschrittliche Wissenschaftler und alle Revolutionäre, auch wenn sie keine Naturforscher sind, fertigwerden mit dem antikommunistischen Damm gegen den dialektischen und historischen Materialismus in der Wissenschaft, den die Herrschenden errichtet haben. Sie müssen Vorbehalte, Unkenntnis oder Überheblichkeit aufgeben, ihre Fesselung durch die bürgerliche Ideologie und Profitwirtschaft erkennen und überwinden sowie die wissenschaftlichen Errungenschaften der Menschheit zumindest in wesentlichen Grundzügen erobern.

Um die **Rolle der Wissenschaften ist ein weltanschaulicher Streit** entbrannt. Der Journalist **Deniz Yücel** kritisierte eine allgemeine Wissenschaftsgläubigkeit und stellte am 6. März 2021 unter dem Titel »»Follow the Science!‹ ist auch keine Lösung« zunächst noch richtig fest:

»Allerdings hat sich diese Berufung auf die Wissenschaft aus der Reaktion auf eine neue, von der Rechten ausgehende Wissenschaftsfeindlichkeit entwickelt.«

Er kritisierte die Vorstellung einer »an sich« richtigen Wissenschaft und berief sich auf Marx:

---

[225] Lenin, »Über die Bedeutung des streitbaren Materialismus«, Werke, Bd. 33, S. 219 – Hervorhebung Verf.

*»Schließlich waren es gerade linke Theoretiker, die einst der Vorstellung den Kampf ansagten, **die** Wissenschaft sei eine objektive, der allgemeingültigen Wahrheit verpflichtete Institution. Den Anfang machte – wer sonst? – Karl Marx. ›Alle Wissenschaft wäre überflüssig, wenn die Erscheinungsform und das Wesen der Dinge unmittelbar zusammenfielen‹, schrieb er in seinem Hauptwerk ›Das Kapital‹ an die Adresse der bürgerlichen Wirtschaftswissenschaft.«*[226]

Mit seiner bürgerlichen Klassenlage und kleinbürgerlichen Denkweise kann Yücel allerdings nicht das Wesen des marxistischen Wissenschaftsbegriffs verstehen und schöpferisch anwenden. Als weitere zentrale Frage seines Textes führt er das Verhältnis von Wissenschaft und Klassenstandpunkt an: *»Gibt es eine proletarische Physik?«*. Er beantwortet sie mit dem Salonmarxisten **Michael Heinrich**, *»dass man der ›bürgerlichen Physik‹ keine ›proletarische Physik‹ entgegenstellen könne.«*[227]

Natürlich gibt es auch in der Physik eine objektive Wahrheit. Doch nur in der proletarischen Weltanschauung gilt diese als materialistischer Ausgangspunkt für die Betrachtung und theoretische Verarbeitung der universellen Wirklichkeit. Auf dieser fundierten Grundlage gelingt dialektischen Materialisten die treffsichere weltanschauliche Kritik an pseudowissenschaftlichen Theorien wie dem »Urknall«, den »Schwarzen Löchern« oder der »künstlichen Intelligenz«. Diese treffsicheren Urteile werden oft **als Minderheitsmeinungen angefeindet**. Doch hat in der Geschichte der Naturwissenschaften letztlich die dialektisch-materialistische Herangehensweise immer eine glänzende Bestätigung erfahren.

---

[226] »›Follow the science!‹ ist auch keine Lösung«, welt.de 6.3.2021

[227] ebenda

Der **weltanschauliche Kampf wird zur wesentlichen Triebkraft des wissenschaftlichen Fortschritts**. Offen antikommunistisch reagiert am 9. März 2021 der Journalist **Alan Posener** auf Yücel unter dem Titel »›Follow the Science!‹ ist eben doch die Lösung«:

> *»Doch Naturwissenschaften dürfen nicht unter Kuratel einer Ideologie gestellt werden.«*[228]

Wissenschaft ohne Weltanschauung gibt es nicht! Es ist nur die Frage, was die Leitlinie ist: die idealistisch-metaphysische oder die dialektisch-materialistisch begründete Weltanschauung. Die fortschrittlichen und kritischen Wissenschaftlerinnen und Wissenschaftler unserer Zeit stehen vor der Herausforderung: Wollen sie kritischer Kommentator, Arzt am Krankenbett des Kapitalismus oder gar sein linksverbrämter Werbeträger oder grünes Feigenblatt sein? Oder schließen sie sich dem **Bündnis mit der Arbeiterklasse an und werden Teil der revolutionären Bewegung**? Verschleudern sie ihr Wissen zur Aufrechterhaltung eines überlebten kapitalistischen Systems? Oder nutzen sie es, um mit der Verarbeitung aller nur möglichen geschichtlichen und wissenschaftlichen Erkenntnisse und Erfahrungen einem neuen Anlauf im Kampf um den echten Sozialismus zum Erfolg zu verhelfen?

Eine **Kernthese des Antikommunismus** ist, dass die Entwicklung der Naturwissenschaft in der ehemals sozialistischen Sowjetunion durch den weltanschaulichen Kampf gehemmt worden sei. Der bürgerliche russische Physikhistoriker **Gennady Gorelik** geht sogar so weit, von einer *»totalitäre*(n) *Ideologisierung der Gesellschaft«* zu sprechen. Diese führe zu einem *»Zurückbleiben von der vordersten Front der Wissen-*

---

[228] Alan Posener, »›Follow the science!‹ ist eben doch die Lösung«, welt.de 9.3.2021

schaft«, weil das wissenschaftliche Streben der Wissenschaftler durch das *»ideologische Vokabular der Gesellschaft, in der sie lebten,«*[229] behindert würde.

Paradoxerweise berichtet Gorelik selbst in seinen konkreten Schilderungen, dass im sozialistischen Aufbau eine schöpferische, die Wissenschaft befruchtende, breite gesellschaftliche Debatte über die moderne Naturwissenschaft geführt wurde. Und zwar bis in die 1950er-Jahre hinein, nur im Vorfeld und während des Zweiten Weltkriegs unterbrochen.

Zu Recht kritisiert Gorelik die Ende der 1930er-Jahre einsetzende Überzentralisierung des wissenschaftlichen Lebens, das schädliche Wirken kleinbürgerlicher Karrieristen und Opportunisten und deckt Verbrechen des verbürokratisierten »Volkskommissariat für innere Angelegenheiten« NKWD an Wissenschaftlern auf. Diese antisozialistische Denkweise und Politik waren jedoch nicht etwa Ausdruck der proletarischen Ideologie, sondern gerade Ausdruck des **destruktiven Einflusses der bürgerlichen Ideologie** und des Vordringens der kleinbürgerlichen Denkweise in Teilen der Partei-, Wirtschafts- und Staatsführung der sozialistischen Sowjetunion. Viele Reste der alten Gesellschaft wirken im Sozialismus weiter und müssen bekämpft werden.

Schon in der Sowjetunion bewirkte der weltanschauliche Kampf einen **gewaltigen Aufschwung der modernen Naturwissenschaften.** Dazu gehören Beiträge *»der sowjetischen Physik zum Weltfundus des physikalischen Wissens«*[230], was Gorelik immerhin bis Ende der 1930er-Jahre anerkennen musste. Führende Naturwissenschaftler wie der Physiker und sowjetische Physik-Nobelpreisträger **Lev Landau** wurden zu Vorkämpfern der proletarischen Weltanschauung.

---

[229] Gennady Gorelik, »Meine antisowjetische Tätigkeit ...« – Russische Physiker unter Stalin, S. 135/136

[230] ebenda, Vorwort, S. VIII

Landau schrieb: Wahre Wissenschaft sei *»in scharfem Widerspruch zur allgemeinen Ideologie der heutigen Bourgeoisie ... die zunehmend in die wildesten Formen von Idealismus verfällt.«*[231]

Landaus zehnbändiges »Lehrbuch der Theoretischen Physik« qualifiziert **Fabio Toscano**, ein italienischer Vertreter der theoretischen Physik, Dozent an der Universität Bologna, 2009 als *»berühmteste Abhandlung über theoretische Physik, die je veröffentlicht wurde«*.[232] Noch heute gilt es international als Maßstab für eine in sich geschlossene Darstellung der theoretischen Physik.

Die Entwicklung einer allseitigen **Grundlagenwissenschaft** in »Akademieinstituten« der Sowjetunion stand in enger Wechselbeziehung zu ihrer Anwendung in der sozialistischen Planwirtschaft von Industrie und Landwirtschaft. Die Hochschulen öffneten sich für Arbeiter und wurden allseitig ausgebaut. Noch 20 Jahre zuvor ein rückständiges Land, erlebte die sozialistische Sowjetunion einen kontinuierlichen Aufschwung, während die kapitalistischen Länder 1929–1932 in einer Weltwirtschaftskrise versanken. Nach dem Sieg über den Faschismus 1945 zog die Sowjetunion mit den hoch entwickelten kapitalistischen Ländern gleich oder überholte sie, unter anderem in den 1950er-Jahren auf dem Gebiet der Raumfahrt. Sind das nicht alles historische Beweise für die Produktivität der zur materiellen Gewalt gewordenen dialektisch-materialistischen Weltanschauung?

---

[231] Lev Davidovič Landau, »Bourgeoisie und moderne Physik«, Iswestija, 23.11.1935, zitiert nach: Gennady Gorelik, »Meine antisowjetische Tätigkeit ...« – Russische Physiker unter Stalin, S. 200. Unter dem Einfluss einer falschen Behandlung von Widersprüchen ihm gegenüber entwickelte er später antikommunistische Vorurteile, setzte aber seine wissenschaftliche Arbeit zum Nutzen der Sowjetunion fort.

[232] Fabio Toscano, »Lev Landau, the Genius that Challenged Stalin«, in: Ammar Sakaji, Ignazio Licata (Hrsg.), »Lev Davidovich Landau and his Impact on Contemporary Theoretical Physics«, S. 9 – eigene Übersetzung

In der sozialistischen Sowjetunion als dem ersten sozialistischen Staat der Welt mussten auch Schwächen und Fehler auftreten. Weltanschaulich betraf das besonders eine nicht überwundene **Geringschätzung oder Entstellung der Dialektik.** Diese äußerte sich in vereinfachenden vulgärmaterialistischen Tendenzen oder auch in der **einfachen Negation** neuer naturwissenschaftlicher Erkenntnisse und Theorien. So die einseitige und diskreditierende Behauptung eines *»reaktionären Einsteinismus«.*[233]

Die Kommunisten im China Mao Zedongs begriffen diese Auseinandersetzung als **Klassenkampf beim Aufbau des Sozialismus auf weltanschaulichem Gebiet.** Das sozialistische China konnte bereits auf die fortschrittlichen Erfahrungen der Sowjetunion zurückgreifen. Deshalb beflügelten die chinesischen Kommunisten die Wissenschaft durch eine Mobilisierung, Schulung und Bildung der Arbeiterklasse und der breiten Massen in einer **Massenbewegung zur Anwendung der dialektischen Methode** auf Produktion, Klassenkampf und wissenschaftliches Experiment.

Der dialektische und historische Materialismus bestreitet die materialistisch erworbenen Forschungsergebnisse der bürgerlichen Wissenschaftler nicht. Er wendet sich jedoch gegen deren idealistische Deutung und Verallgemeinerung, die zum wesentlichen Hemmnis des Fortschritts der wissenschaftlichen Erkenntnis geworden sind.

Der Sozialismus ist die Übergangsgesellschaft zwischen Kapitalismus und Kommunismus. In ihr bleibt der Kampf gegen derartige Einflüsse der bürgerlichen Ideologie, besonders der kleinbürgerlichen Denkweise, eine zentrale **Aufgabe des Klassenkampfs auf weltanschaulichem Gebiet.**

---

[233] I. W. Kusnezow, zitiert nach: Loren R. Graham, »Dialektischer Materialismus und Naturwissenschaften in der UdSSR«, S. 228

Dazu muss sich die Arbeiterklasse als im Sozialismus herrschende Klasse befähigen. Ein hervorragendes Beispiel für
die Fähigkeit zur bewussten Anwendung der dialektischen
Methode und streitbaren Auseinandersetzung mit der bürgerlichen Ideologie durch die Arbeiterklasse ist Willi Dickhuts
Studie »Materialistische Dialektik und bürgerliche Naturwissenschaft«. Als Arbeiter, kommunistischer Antifaschist und
autodidaktischer Theoretiker nutzte er während des Zweiten
Weltkriegs neben seiner Tätigkeit im Betrieb die Zeit seiner
streng illegalen Arbeit – nach KZ- und Gefängnisaufenthalt –
zur Erarbeitung dieser Studie,

> *»um mit der Anwendung der Dialektik auf die Naturwis-
> senschaft seine theoretischen Fähigkeiten zu erweitern für die
> Führung des proletarischen Klassenkampfes.«*[234]

In dieser Studie unterzog er die bürgerliche Ideologie in der
Naturwissenschaft einer erfrischenden Kritik. Die Arbeit von
Willi Dickhut beweist zudem, wie Arbeiter aufgrund ihrer
proletarischen Klassenlage bei bewusster Anwendung der
dialektischen Methode ein hohes Niveau im Verständnis wissenschaftlicher Zusammenhänge erreichen können.

In Lenins Geleitwort zu Heft 3 der Zeitschrift »Unter dem
Banner des Marxismus« orientierte er die Leser auf ein **Bündnis der Kommunisten mit den konsequenten Materialisten** im weltanschaulichen Kampf:

> *»Unsere unbedingte Pflicht ist es, alle Anhänger des konse-
> quenten und streitbaren Materialismus im Kampf gegen die
> philosophische Reaktion und gegen die philosophischen Vorur-
> teile der sogenannten ›gebildeten Gesellschaft‹ zu gemeinsamer
> Arbeit heranzuziehen. ... Nicht minder wichtig ... ist für die
> vom streitbaren Materialismus zu leistende Arbeit das Bünd-*

---

[234] Willi Dickhut, »Materialistische Dialektik und bürgerliche Naturwissenschaft«, Vorwort des Herausgebers, S. 8

nis mit den Vertretern der modernen Naturwissenschaft, die dem Materialismus zuneigen«.[235]

Ein solches Bündnis – so Lenin – hatte auch die Aufgabe, eine Bewegung zum Studium, zur Propagierung und Anwendung der materialistischen Dialektik ins Leben zu rufen. Lenins für die sozialistische Gesellschaft erarbeitetes Konzept kann und muss sich heute schon als **Bewegung des streitbaren Materialismus** entwickeln, muss sich gemeinsam mit der breiten Bewegung gegen den Antikommunismus stärken.

Eine solche Bewegung muss die Befähigung fortschrittlicher Intellektueller und Studierender zur Kritik an der bürgerlichen Wissenschaft fördern. Dazu gehört ihre Umerziehung als schöpferische Befreiung von der bürgerlichen Ideologie, Denk-, Arbeits- und Lebensweise.

Einen wesentlichen Beitrag zum revolutionären Bündnis können sie leisten, wenn sie ihre Kenntnisse der wissenschaftlichen Errungenschaften der Menschheit der Arbeiterklasse zur Verfügung stellen. Im Sozialismus werden Naturwissenschaft und Forschung vom Diktat der Monopole befreit. Dann kann die Wissenschaft gewaltige Fortschritte erzielen im Dienst der Gesellschaft, die nun zum Ziel hat, die **Einheit von Mensch und Natur stets höherzuentwickeln** und ihre Lebensbedürfnisse in einer kommunistischen Gesellschaft immer besser zu befriedigen.

---

[235] Lenin, »Über die Bedeutung des streitbaren Materialismus«, Werke, Bd. 33, S. 214 und 218

Bücher zum Thema
im Verlag Neuer Weg

Stefan Engel

Götterdämmerung über der »neuen Weltordnung«

Erschienen: 2003

Seit den 1990er-Jahren haben sich in der kapitalistischen Produktion eine Reihe neuer Erscheinungen und wesentlicher Veränderungen entwickelt. Entgegen der verwirrenden Deutungsversuche kleinbürgerlicher Globalisierungstheoretiker analysiert das Buch, ausgehend von den Analysen des Imperialismus durch Lenin und des staatsmonopolistischen Kapitalismus in Deutschland durch Willi Dickhut, die wesentlichen Veränderungen im imperialistischen Weltsystem. Sie werden als Neuorganisation der internationalen kapitalistischen Produktion zusammengefasst und leiten eine neue Phase der Entwicklung des imperialistischen Weltsystems ein. Internationale Produktion und Handel sind zum bestimmenden Charakter der Ausbeutung und Unterdrückung durch eine kleine führende Schicht des allein herrschenden internationalen Finanzkapitals geworden. Weitere Merkmale der ausgereiften materiellen Vorbereitung des Sozialismus sind entstanden. Eine neue historische Umbruchphase vom Kapitalismus zum Sozialismus wurde eingeleitet.

592 Seiten, Hardcover
ISBN 978-3-88021-340-1
Taschenbuch
ISBN 978-3-88021-357-9
CD-ROM
ISBN 978-3-88021-341-8
ePDF
ISBN 978-3-88021-424-8
Englisch
ISBN 978-3-88021-342-5
Französisch
ISBN 978-2-7475-9895-8
Russisch
ISBN 978-5-9900422-7-8
Spanisch
ISBN 978-3-88021-349-4
Türkisch
ISBN 978-975-7919-56-8

Stefan Engel

Morgenröte der internationalen sozialistischen Revolution

Erschienen: 2011

Auf Grundlage der marxistisch-leninistischen Analyse der Neuorganisation der internationalen Produktion und insbesondere des internationalen Krisenmanagements in der Weltwirtschafts- und Finanzkrise ab 2008 werden Schlussfolgerungen für die Strategie und Taktik der Vorbereitung der internationalen proletarischen Revolution gezogen. Bei allen Unterschieden der Klassenkämpfe in den einzelnen Ländern braucht das internationale Proletariat im Bündnis mit allen Unterdrückten einen gemeinsamen Bezugspunkt: die internationale sozialistische Revolution. Die Koordinierung und Revolutionierung des Klassenkampfs muss die fortschrittlichen, demokratischen und revolutionären Massenbewegungen und -organisationen zu einer internationalen Macht zusammenschließen, die dem imperialistischen Weltsystem überlegen ist. Die konkreten ökonomischen, sozialen und politischen Bedingungen eines jeden Landes müssen in der jeweiligen proletarischen Strategie und Taktik ebenso Berücksichtigung finden wie der allgemeine Bezug auf die internationale Revolution. So erscheint die internationale proletarische Strategie und Taktik als ein Orchester verschiedener proletarischer Strategien und Taktiken der revolutionären Arbeiterparteien in den jeweiligen Ländern.

620 Seiten, Hardcover
ISBN 978-3-88021-380-7

Taschenbuch
ISBN 978-3-88021-391-3

CD-ROM
ISBN 978-3-88021-384-5

ePDF
ISBN 978-3-88021-418-7

Englisch
ISBN 978-3-88021-389-0

Französisch
ISBN 978-3-88021-394-4

Russisch
ISBN 978-5-91022-217-9

Spanisch
ISBN 978-3-88021-387-6

Türkisch
ISBN 978-605-66680-6-7

Stefan Engel

Katastrophenalarm!
Was tun gegen die mutwillige Zerstörung der Einheit von Mensch und Natur?

Erschienen: 2014

In der öffentlichen Meinung wird der Eindruck erzeugt, die Umweltfrage sei bei den Herrschenden und ihren Regierungen in guten Händen. In Wirklichkeit aber waren sie seit dem Aufkommen der Umweltkrise Anfang der 1970er-Jahre weder willens noch in der Lage, etwas Wirksames dagegen zu unternehmen. Stattdessen treibt die Menschheit ungebremst auf eine globale Umweltkatastrophe zu. Diese hat das Potenzial, die Grundlagen jeglichen menschlichen Daseins zu vernichten.

Die Verantwortung für diese Entwicklung liegt in erster Linie bei den internationalen Übermonopolen, die heute die gesamte Weltproduktion, den Welthandel sowie Politik, Wirtschaft und Wissenschaft in allen Ländern beherrschen. Dieses Buch lässt keinen Zweifel daran, dass die Menschheit die Umweltfrage nicht dem herrschenden Gesellschaftssystem überlassen darf. Sie wird sonst untergehen in der kapitalistischen Barbarei!

Leitlinie des Buchs ist die dialektisch-materialistische Methode und Theorie von Marx und Engels, die von der grundlegenden Einheit von Mensch und Natur ausgingen. Das Buch kommt zu dem Schluss, dass der Kampf zum Schutz der natürlichen Umwelt heute gesellschaftsverändernden Charakter annehmen und Bestandteil der Vorbereitung der internationalen sozialistischen Revolution werden muss.

336 Taschenbuch
ISBN 978-3-88021-405-7
CD-ROM
ISBN 978-3-88021-402-6
ePDF
ISBN 978-3-88021-413-2
Englisch
ISBN 978-3-88021-403-3
Französisch
ISBN 978-3-88021-408-8
Russisch
ISBN 978-5-91022-279-7
Spanisch
ISBN 978-3-88021-406-4

Stefan Engel

Die Krise der bürgerlichen Ideologie und des Antikommunismus

Erschienen: 2021

Berechtigt verlieren immer mehr Menschen das Vertrauen in die herrschende Politik. Doch welche Lehren ziehen die Arbeiterinnen und Arbeiter, die Massen der Welt aus dem umfassenden Krisengeschehen? Die bürgerliche Ideologie hat ihre Anziehungskraft verloren und steckt tief in der Krise. Ein weltanschaulicher Kampf um Deutung und Schlussfolgerungen ist entbrannt. Der Antikommunismus ist seit der offenen Krise des Reformismus und des modernen Revisionismus zum Haupthindernis in der Bewusstseinsbildung der Massen geworden. Doch er befindet sich selbst in der Krise, was seine permanente Modifikation bewirkt. Dieses Buch folgt der Überzeugung, dass die Zeit reif ist für eine weltanschauliche Offensive des wissenschaftlichen Sozialismus.

Das Buch ist der erste von fünf Teilen der Schrift »Die Krise der bürgerlichen Ideologie und die Lehre von der Denkweise« der Reihe REVOLUTIONÄRER WEG, die als Nummern 36 bis 40 erscheinen werden.

Taschenbuch 220 Seiten
ISBN 978-3-88021-596-2
ePDF
ISBN 978-3-88021-597-9
Englisch
ISBN 978-3-88021-598-6
Französisch
ISBN 978-3-88021-600-6
Spanisch
ISBN 978-3-88021-602-0

Stefan Engel

**Die Krise der bürgerlichen Ideologie
und des Opportunismus**

Erschienen: 2022

Das Vertrauen in den Kapitalismus bröckelt unter den Massen erheblich. Es sind vor allem opportunistische Strömungen, über die die bürgerliche Ideologie in die fortschrittlichen Bewegungen und die Arbeiterklasse eindringt, um die Entwicklung des sozialistischen Klassenbewusstseins der Arbeiterklasse zu verhindern. Das Buch knüpft direkt am ersten Teil dieser Reihe »Die Krise der bürgerlichen Ideologie und des Antikommunismus« an, der im April 2021 erschien.

Als zweiter Teil in der Reihe »Die Krise der bürgerlichen Ideologie und die Lehre von der Denkweise« befasst es sich damit, wie der Opportunismus im weltanschaulichen Kampf auf der Grundlage der praktischen Kampferfahrungen nachhaltig überwunden werden kann.

Taschenbuch 268 Seiten
ISBN 978-3-88021-616-7
ePDF
ISBN 978-3-88021-611-2
Englisch
ISBN 978-3-88021-617-4
Spanisch
ISBN 978-3-88021-637-2

Verlag Neuer Weg
MEDIENGRUPPE
NEUER WEG GmbH

Verlag Neuer Weg, Alte Bottroper Str. 42, 45356 Essen
Tel.: 0201 25915, E-Mail: verlag@neuerweg.de
Webshop: www.people-to-people.de

Reihe REVOLUTIONÄRER WEG
auf der Webseite der MLPD

▶ **www.revolutionaerer-weg.de**
Theoretisches Organ der MLPD

Neben den Vorstellungen der einzelnen Ausgaben des Systems
REVOLUTIONÄRER WEG findet man hier unter anderem auch weitere
Dokumente, Stellungnahmen, Videos und vieles mehr zu den wichtigen
Fragen unserer Zeit.

▰ Rote Fahne

▶ **www.rf-news.de / rote-fahne**
14-tägig erscheinendes Magazin, im Abo erhältlich

▶ **www.rf-news.de**
Tägliches Nachrichtenportal

▶ **www.rote-fahne-tv.de**
Videoberichterstattung der Roten Fahne